Incendios forestales

Una introducción a la ecología del fuego

Juli G. Pausas

 CSIC

CATARATA

© Juli G. Pausas, 2024
© CSIC, 2024
http://editorial.csic.es
publ@csic.es
© Los Libros de la Catarata, 2024
Fuencarral, 70
28004 Madrid
Tel. 91 532 20 77
www.catarata.org

ISBN (CSIC): 978-84-00-11305-6
ISBN ELECTRÓNICO (CSIC): 978-84-00-11306-3
ISBN (CATARATA): 978-84-1067-066-2
ISBN ELECTRÓNICO (CATARATA): 978-84-1067-067-9
NIPO: 155-24-159-1
NIPO ELECTRÓNICO: 155-24-160-4
DEPÓSITO LEGAL: M-14.979-2024
THEMA: PDZ/RNC/RNR

Índice

Prólogo

El libro *Incendios forestales* en esta misma colección apareció en 2012 y seguramente fue el primer libro de ecología del fuego en español. Estuvo concebido para acercar el fuego a los biólogos, ambientólogos y similares, con el objetivo de mostrar que el fuego es una perturbación que genera procesos ecológicos y evolutivos, y no necesariamente un desastre ecológico como insisten los medios de comunicación. Al poco de publicarse, mi sorpresa fue que también funcionó en otra dirección: acercó la ecología a los técnicos y gestores de incendios. Recibí infinidad de preguntas de gestores y técnicos forestales sobre si tal especie rebrota o no, o qué especies resisten el fuego, o cuáles son germinadoras y cuáles no; la serotinia de los pinos (esto es, la capacidad de retener piñas cerradas hasta el próximo incendio) gustó a mucha gente, y que los incendios estuvieran aquí hace millones de años, también. Recibí llamadas de jefes de extinción en medio de un gran incendio para saber si tal especie de árbol resistiría si le llegaban las llamas. Aparecieron bomberos que se autonombraban "pausistas" (que entendían el fuego como un proceso natural) frente a los "no pausistas". Apagar los incendios ya no era tan importante como gestionar los regímenes de incendios. La tolerancia cero a los incendios ya no tenía base científica, y las quemas prescritas ya eran justificables. Todo ello fue para mí una experiencia tremendamente enriquecedora.

En los últimos 12 años, el *conocimiento* de la ecología de los incendios forestales ha mejorado un poco. Pero los cambios ambientales que ya eran evidentes entonces han incrementado en gran medida y se han hecho patentes mires donde mires. El incremento de incendios intensos y de grandes dimensiones está ocurriendo en casi todo el planeta, y es más evidente que nunca que el problema de los incendios no se soluciona con más medios y más tecnologías. Las claves de la gestión que se utilizaban con el clima del siglo XX no tienen por qué servir en el clima del siglo XXI. Se requiere un cambio de paradigma basado en la ciencia básica. Lo que arde son plantas con una larga historia evolutiva que se debe entender si se quiere hacer una gestión sostenible. En este marco, era obligatorio hacer una nueva versión actualizada y ampliada del libro, con más énfasis en los cambios recientes y con ideas para la gestión. Se ha modificado y añadido texto en todas las secciones del libro, y en especial en el capítulo 5. También se han modificado figuras. Las limitaciones de la colección no me han permitido añadir más contenido.

El libro está compuesto por cinco capítulos que siguen un orden conceptual; no obstante, cada capítulo también puede leerse independientemente, especialmente si se recurre al glosario cuando aparecen conceptos nuevos. Con todo, espero que este libro sea un paso más para entender el papel del fuego en la naturaleza y que proporcione una base científica para facilitar una gestión del monte lo más sostenible posible.

Un mundo inflamable

¿Qué son los incendios forestales?

El término *incendios forestales* se refiere a los incendios (sean de origen natural o antrópico) que ocurren en los ecosistemas terrestres y que se propagan por la vegetación, sea del tipo que sea (bosques, sabanas, matorrales, pastizales, humedales, turberas, etc.): es decir, también se podrían denominar incendios de monte o incendios de vegetación. En la literatura anglosajona se utilizan diferentes expresiones para referirse a los incendios forestales, como *forest fires* (principalmente en Europa), *wildland fires* (Estados Unidos) y *bushfires* (Australia), entre otros (*vegetation fires*, *landscape fires*, etc.); todos ellos son sinónimos. La ciencia de los incendios forestales es multidisciplinar e incluye principalmente aspectos de ecología, de ciencias ambientales, de geografía, de ingeniería forestal, de clima y meteorología, de legislación, de tecnología (por ejemplo, en extinción), de física (comportamiento del fuego), de urbanismo y relaciones socioeconómicas, de psicología, de gestión de riesgos y protección civil, entre otras disciplinas. La rama de la ciencia que estudia el papel de los incendios en los organismos y los ecosistemas se llama "ecología del fuego" y constituye el tema central de este libro.

Los incendios forestales se propagan sobre la vegetación sin ningún control humano, al contrario que las *quemas prescritas*, término que se refiere a fuegos en la vegetación realizados de manera planificada y controlada, normalmente como herramienta de gestión. Al efectuar estas quemas se consideran las condiciones del combustible, la meteorología y la topografía con el fin de que el comportamiento del fuego logre el objetivo deseado (por ejemplo, la reducción de combustible, el renuevo de pastos, el control de plagas, la generación de un hábitat específico, etc.). Las *quemas experimentales* suelen ser pequeñas y con finalidades de aprendizaje que permiten, por ejemplo, entender la respuesta de las especies y ecosistemas a los incendios. Estas quemas constituyen una de las herramientas de la ecología del fuego, ya que ayudan a analizar las características de los organismos y los ecosistemas antes del paso del fuego, y compararlas con los procesos posfuego (por ejemplo, mortalidad de plantas, regeneración, erosión, colonización). También se realizan quemas experimentales para estudiar el comportamiento del fuego bajo diferentes condiciones (clima, topografía, viento, humedad, etc.), para estudiar la resistencia de materiales y vehículos utilizados en la extinción o para el entrenamiento de bomberos. A menudo, las quemas prescritas tienen múltiples objetivos e incluyen los de las quemas experimentales.

Tradicionalmente, los incendios se han visto como un desastre ecológico que destruye nuestros ecosistemas. Esa visión negativa de los incendios está bastante aceptada por la sociedad, incluidos algunos gestores del medioambiente. La idea básica de esta posición se fundamenta en el hecho de que los incendios actualmente son producidos principalmente por los humanos y, por tanto, en condiciones naturales (sin ellos) no deberían de ocurrir. También influye la imagen desoladora del ecosistema justo tras el paso del fuego (el desastre), sin una visión dinámica y a medio o largo plazo. Sin embargo, y como veremos a lo largo de este libro, cada vez tenemos más evidencias de que los incendios son procesos naturales que han ocurrido en la naturaleza desde hace millones de años, probablemente desde la aparición de las plantas terrestres. Durante la historia de la vida, los fuegos han contribuido a moldear la naturaleza, las características de las plantas, la estructura de las comunidades, la distribución de los biomas y la diversidad de las floras.

Ciertamente, la aparición de los humanos generó cambios en los regímenes de incendios en muchos ecosistemas, tanto incrementando su frecuencia (por ejemplo, con incendios provocados) como disminuyéndola (por ejemplo, la fragmentación de los paisajes naturales limita las igniciones por rayo y el tamaño de los incendios). Como veremos más adelante (capítulo 5), estas desviaciones respecto a los regímenes históricos de fuego pueden tener consecuencias negativas para la biodiversidad y son estas desviaciones las verdaderas perturbaciones. Pero este hecho no significa, ni mucho menos, que los incendios no sean un proceso natural en nuestros ecosistemas o que sean negativos para la biodiversidad. Los incendios son un proceso ecológico, del mismo modo que lo son la herbivoría, la predación o la lluvia: dentro de su rango histórico en cada ecosistema, son procesos naturales y sostenibles; fuera de ese rango, pueden ser perturbaciones y desastres que pongan en peligro la estabilidad de los ecosistemas (como el sobrepastoreo o las inundaciones). De la misma manera que la existencia de zonas sobrepastoreadas no significa que la herbivoría sea un proceso artificial y perjudicial para la biodiversidad, el hecho de que haya zonas con incendios demasiado frecuentes o intensos por causas antrópicas no implica que estos sean procesos no naturales y nocivos. De hecho, los herbívoros y el fuego compiten por el mismo recurso, la biomasa vegetal, y cambios en la abundancia de herbívoros tienen implicaciones en la actividad de los incendios.

El Parque Nacional de Yellowstone (en el oeste de Estados Unidos) es el más antiguo del mundo (creado en 1872), considerado una de las reservas internacionales de la biosfera y patrimonio mundial de la UNESCO. En 1988 sufrió varios incendios que afectaron a más de medio millón de hectáreas. Las dimensiones de estos incendios fueron tales que resultaron en vano todos los esfuerzos técnicos, económicos y de personal que el Gobierno de EE UU puso para controlarlos;

solo se apagaron tres meses después, cuando llegaron el frío y las lluvias. La sensación de desastre e impotencia fue inmensa, y fue el primer incendio forestal que se difundió por los medios de comunicación de todo el mundo.

Este gran incendio promovió muchos estudios sobre las causas y las consecuencias de los incendios, y sobre la flora y la abundante fauna del parque. Diez años más tarde se repasaron todos esos estudios y se concluyó que casi toda la biodiversidad se había recuperado y ya estaba a niveles similares a los de antes de los incendios. Entre los estudios realizados, se incluyeron de dendrocronología y palinología para evaluar la historia de incendios pasados y se observó que incendios parecidos a los de 1988 ya se dieron en el pasado, simplemente con frecuencias bajas, cada aproximadamente 200 o 300 años. De hecho, se podría decir que fuimos afortunados de haber vivido uno de esos casos y aprender tanto de ello.

Evidentemente, no todos los ecosistemas son como Yellowstone, pero de este incendio se aprendió mucho. Es más, constituyó un punto de inflexión en ecología porque sentó las bases de cómo entendemos actualmente los incendios forestales y la ecología del fuego. Además, mostró claramente cómo cambia la percepción de los incendios si se mira una ventana corta de tiempo después de este (días, semanas) o una ventana más grande (decenas de años; una escala más cercana a la escala de los procesos ecológicos). También se aprendió que, en condiciones adversas, el dinero y la tecnología no pueden controlar los incendios.

Entre los puntos calientes de biodiversidad de la Tierra se encuentran muchos ecosistemas tropicales (de biodiversidad indudable) y algunos ecosistemas de montaña (el aislamiento genera biodiversidad). Curiosamente, los cuatro ecosistemas mediterráneos donde los incendios son frecuentes (cuenca mediterránea, California, sur de Australia, sur de Sudáfrica) también están incluidos entre los puntos calientes de biodiversidad global. Eso por sí solo ya lleva a pensar que los incendios en dichos ecosistemas no pueden ser tan negativos para la biodiversidad como a veces se ha pensado. Como veremos a lo largo del libro, las especies que viven en zonas con incendios recurrentes han adquirido unas características adaptativas que les confieren persistencia (capacidad de sobrevivir y reproducirse) frente a los incendios (capítulo 3); por lo tanto, la recurrencia de incendios es una fuente de heterogeneidad y biodiversidad. Existen numerosas especies, tanto de animales como de plantas, que aparecen casi exclusivamente después de incendios; incluso hay ejemplos de especies que fueron consideradas prácticamente extinguidas y que aparecieron de manera abundante después de un incendio.

El mundo es dinámico y cambiante. Cambios socioeconómicos y de gestión y uso del territorio, cambios climáticos y en la densidad de población afectan y modifican el régimen de incendios (la frecuencia, la intensidad, la estacionalidad, etc.). Estos pueden llevar al régimen de incendios fuera del rango histórico, con graves consecuencias para la biodiversidad. Por ejemplo, en ecosistemas donde los incendios no han sido históricamente frecuentes (el caso de las selvas lluviosas), el reciente incremento de incendios constituye una amenaza para la biodiversidad. De hecho, con el cambio climático se está observando que el intervalo entre incendios en Yellowstone está disminuido drásticamente respecto al histórico y esto tiene importantes consecuencias para la biodiversidad de ese parque. Es decir, los incendios forestales no son perjudiciales para la biodiversidad, pero algunos regímenes de incendios sí pueden serlo. Entender los regímenes y las causas de los cambios de estos es fundamental para una gestión sostenible de los ecosistemas.

¿Por qué se queman los ecosistemas? Ingredientes de los incendios

Para que se genere fuego se necesitan, como mínimo, tres componentes: una ignición, oxígeno y combustible. Oxígeno y combustible (plantas) concurren en casi todos los ecosistemas terrestres, e igniciones naturales, también (principalmente rayos). Estos tres factores son necesarios para generar fuego, pero no suficientes para generar incendios forestales. Para que se dé un incendio forestal, con la concentración de oxígeno en la atmósfera actual, se necesitan al menos tres ingredientes: 1) igniciones (naturales o humanas), 2) vegetación densa y continua (biomasa combustible) y 3) sequía (una estación o un periodo seco). Estos factores deben darse de forma simultánea; en ausencia de uno de ellos, difícilmente se generan incendios. La relación de estos factores con los incendios es positiva pero no es lineal, sino de tipo umbral (figura 1). Es decir, hay un nivel de igniciones, de continuidad de vegetación y de sequedad a partir del cual la probabilidad de incendio se dispara y aumenta de manera exponencial.

FIGURA 1
Los tres ingredientes básicos de los incendios (las igniciones, la continuidad de vegetación y las sequías) presentan una relación de tipo umbral con el fuego. Las olas de calor y los vientos fuertes (flecha) modifican estos umbrales e implican que en esas condiciones de elevada temperatura o fuertes vientos se necesitan menos igniciones, menos continuidad de la vegetación y menos sequía para generar grandes incendios. En la mayoría de regiones de la cuenca mediterránea, los tres ingredientes y las olas de calor están aumentando.

Cuando se superan los tres umbrales, se generan incendios. Además de estos requisitos, el comportamiento del fuego está condicionado principalmente por otros dos factores que modifican los umbrales: la meteorología y la topografía. Es decir, en días con temperaturas especialmente elevadas (olas de calor), con humedad muy baja o con vientos fuertes, los umbrales disminuyen y, por lo tanto, se necesitan menos igniciones, menos continuidad de la vegetación y menos sequías para que se generen incendios. Y el tamaño final de los incendios estará relacionado con la duración de esas condiciones meteorológicas extremas y con la extensión de vegetación continua. La topografía, aunque es fija (al contrario que los otros ingredientes), también condiciona el comportamiento del fuego. Por ejemplo, los incendios tienden a avanzar más rápido en pendientes pronunciadas, ya que las llamas que ascienden, calientan y secan la vegetación con más facilidad. En cambio, los incendios tienden a ralentizarse en zonas planas o en zonas topográficas con elevada humedad (valles con bosques de ribera).

Igniciones

Las igniciones pueden ser de origen natural y antrópico. La principal fuente de ignición natural son los rayos (figuras A1 y A2), pero otros factores como volcanes o caídas de piedras también pueden generar incendios. De especial relevancia son las tormentas secas, que se dan en épocas secas debido a la escasa humedad de la masa de aire (figura A1). Una de las características de los incendios provocados por rayos, comparado con los antrópicos, es que suelen ocurrir en lugares alejados de las zonas urbanas y, a menudo, de difícil acceso para los medios de extinción. Además, por esta razón de lejanía, los incendios por rayo son los más difíciles de detectar y muchas veces están infrarrepresentados en las estadísticas. En la mayoría de los ecosistemas mediterráneos se considera que los rayos (y las tormentas secas) son suficientes como para generar un régimen de incendios frecuentes de manera natural. La excepción es la zona central de Chile, donde, teniendo condiciones climáticas muy propicias para los incendios (clima mediterráneo), los naturales son raros debido al efecto "sombra" que los Andes ejercen sobre las tormentas estivales provenientes del este. A escala global, la máxima concentración de rayos se da en las sabanas africanas (figura A2), donde los incendios son muy frecuentes.

Además de las causas naturales, es evidente que los humanos han incrementado las igniciones, sea de manera accidental (fallos en la red eléctrica), por negligencias (descuidos o falta de precaución, como colillas u hogueras mal apagadas) o de manera intencionada, provocados por malhechores (vandalismo) o por pirómanos (trastorno psicológico que produce atracción por el fuego y placer en la observación de las llamas). Actualmente, la mayoría de los incendios forestales son causados por humanos, aunque el porcentaje varía dependiendo del lugar y año. En zonas poco pobladas (como ecosistemas boreales) o con elevada densidad de rayos (sabanas africanas), el papel de las igniciones humanas es pequeño y la mayoría de incendios (y la mayor parte del área quemada) son de origen natural. Sin embargo, en muchos ecosistemas, incluidos los mediterráneos, la mayoría es de origen humano.

Las razones que llevan a un malhechor a quemar suelen estar relacionadas con conflictos de terrenos entre propietarios o entre propietarios con las Administraciones públicas (por ejemplo, con las limitaciones de uso de terrenos privados dentro de parques naturales). La cantidad de incendios de origen humano está estrechamente relacionada con la densidad de población (especialmente población urbana viviendo en zonas rurales) y con la extensión de las zonas residenciales imbricadas en el medio natural (la interfaz urbano-forestal), ya que esas zonas son un foco de igniciones. Sin embargo, el área total afectada por los incendios no siempre se relaciona con la cantidad de igniciones antrópicas, pues los otros ingredientes de los incendios (meteorología, densidad y continuidad de la vegetación) tienen un papel preponderante en su propagación. Es decir, en condiciones climáticas poco propicias a incendios (como años húmedos), los incendios de origen antrópico suelen ser pequeños (se propagan poco y se extinguen fácilmente), mientras que los grandes incendios de origen antrópico se suelen dar en condiciones de elevada sequía, olas de calor o de mucho viento.

Las actividades humanas también pueden reducir las igniciones naturales, ya que todos los rayos que caen en zonas agrícolas o urbanas no generan incendios (como hubiera ocurrido en el pasado). La fragmentación del hábitat (zonas agrícolas o urbanas) y las políticas de prevención y extinción de incendios también reducen el número y tamaño de estos.

Continuidad de la vegetación y biomasa combustible

Por biomasa no solo entendemos la cantidad de biomasa vegetal (combustible), sino también la estructura de esta, tanto a escala de planta (patrones de ramificación, la cantidad de ramas muertas, etc.) como a escala del ecosistema (continuidad vertical y horizontal del combustible). Por ejemplo, para una misma biomasa, una planta con muchas hojas o ramas finas será más inflamable que otra donde la proporción de biomasa fina sea pequeña y la mayor parte de la biomasa sea gruesa. En general, por biomasa fina nos referimos a las hojas y los tallos con diámetros menores de 6 mm y corresponde a la cantidad de biomasa más relacionada con el fuego (biomasa disponible), ya que se seca y prende con mucha facilidad. Además, y como veremos en el capítulo 3, existen otros rasgos de las plantas que también incrementan la inflamabilidad (la capacidad de prender y propagar el fuego), como una elevada relación superficie-volumen, la retención de ramas secas o la presencia de aceites aromáticos y resinas. Igualmente, la existencia de una discontinuidad vertical del combustible entre el sotobosque y el dosel de un bosque determina incendios muchos menos intensos (incendios de superficie) que si hay una continuidad sotobosque-dosel (incendios de copa).

A escala de comunidad hay otros factores relacionados con la cantidad y continuidad de la vegetación que determinan su inflamabilidad, tales como el tamaño de las plantas (a menudo relacionado con el tiempo desde el último incendio), la cobertura, la distribución espacial de las especies con diferente inflamabilidad, el número y distribución de los individuos muertos, la cantidad y calidad de la hojarasca, entre otras. Por lo tanto, la estructura y distribución de la biomasa contribuye a determinar el régimen de incendios de un determinado lugar y lo hace de manera no lineal; hay un umbral de continuidad a partir del cual se interconectan grandes superficies de vegetación, lo que incrementa en gran manera la capacidad de propagación del fuego (figura 1).

Condiciones secas y meteorología

Los incendios requieren que la vegetación tenga bajo contenido en agua. Por ello, los incendios se dan en la estación seca en climas estacionales. También se pueden dar en zonas con un clima sin una estación claramente seca, pero donde de vez en cuando ocurre un año seco. A mayor duración de la época seca, más posibilidades de incendios; a mayor intensidad de la sequía, mejor se propagará el fuego. Pero, además del clima (las condiciones medias de una región), es muy importante la meteorología durante la estación seca.

Las condiciones meteorológicas cálidas y secas incrementan la inflamabilidad de la vegetación y, por lo tanto, la facilidad con la que se puede iniciar un incendio a partir de una ignición (ya sea esta natural, un rayo o antropogénica, como, por ejemplo, un cigarrillo), así como la facilidad de propagarse a través de la vegetación. Por ejemplo, muchos de los grandes incendios que ocurren en el sur de Europa se dan durante las llamadas olas de calor, que aumentan en gran medida la inflamabilidad de la vegetación. Las condiciones de sequía e inflamabilidad de la vegetación siguen una relación de tipo umbral (figuras 1 y 2), es decir, para condiciones húmedas o poco secas, la inflamabilidad es baja, pero existe un nivel de sequía a partir del cual la inflamabilidad es elevada y la probabilidad de grandes incendios se eleva enormemente. Este umbral no es universal, sino que depende de la estructura de la vegetación, de forma que en ecosistemas más productivos el umbral se sitúa en condiciones menos secas, mientras que, en ecosistemas más áridos, este se localiza en valores de sequía más extremos. Esta diferencia es debida a que en sistemas áridos la vegetación es menos densa y para que realmente se propague el fuego se requieren condiciones muy secas que generen incendios intensos.

La meteorología también puede generar efectos indirectos en el combustible y los incendios. Condiciones húmedas previas a la época seca incrementan la cantidad y continuidad de combustible fino, lo que facilita la ignición y propagación del fuego en la siguiente época seca. Este efecto indirecto se puede dar dentro del año (la estación húmeda que precede a una seca) o entre años (un año húmedo que precede a un año seco). Los efectos indirectos del clima en los incendios son más relevantes (aunque no exclusivos) en sistemas con incendios de superficie, donde hay una gran cantidad de combustible fino (plantas herbáceas) sensible a pequeños cambios en la humedad que puede determinar la actividad de los incendios. En una sabana dominada por herbáceas graminoides, cuanto más húmeda es la estación húmeda, mayor es el crecimiento y abundancia de herbáceas, y mayor será el área afectada por incendios en la siguiente época seca. En condiciones mediterráneas, tales como California y la cuenca mediterránea, estos procesos a veces también ocurren. Por ejemplo, los grandes incendios de Portugal en 2003 se asociaron a un periodo seco (primavera y verano) que se dio justo después de un invierno lluvioso.

El otro factor meteorológico clave para los incendios es el viento, que reduce en gran manera los umbrales del fuego, facilitando y acelerando la propagación de los incendios. A veces pueden ser vientos muy cálidos y fuertes y por tanto tener un papel muy importante en el tamaño de los incendios. De especial interés son los vientos adiabáticos que van desde zonas continentales montañosas hacia la costa (efecto Föhen); estos vientos, cuando se acercan a la costa, suelen ser fuertes y muy cálidos y secos. Constituyen ejemplos los vientos de Santa Ana en California, que provienen del interior y son responsables de muchos de los grandes incendios de la costa californiana. Vientos similares se dan en la cuenca mediterránea, como el poniente de Valencia, el mistral en el sur de Francia o el etesio en Grecia y Turquía, también responsables de incendios de gran extensión.

FIGURA 2

Relación entre el área afectada por incendios durante los meses de verano (en miles de hectáreas) y la sequía de esos meses (calculada como la diferencia entre evaporación potencial y actual, dividida por la actual), en el sur de la península ibérica (datos para los años entre 1963 y 2007). La línea discontinua indica el valor umbral de sequía que determina un cambio abrupto en la actividad del fuego.

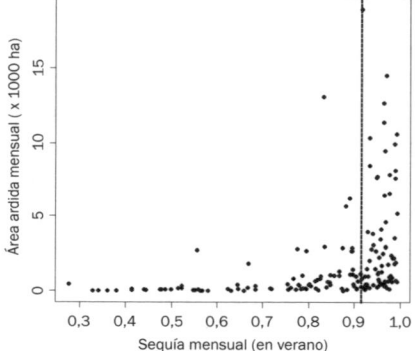

El régimen de incendios

Para entender muchos procesos ecológicos es importante tener una visión amplia tanto a escala temporal como espacial. Estudiar un incendio aislado en el tiempo y espacio no permite enmarcar correctamente las causas y consecuencias del incendio, y limita en gran medida la comprensión de estas. Llamamos régimen de incendios al conjunto de características de estos en un área o ecosistema determinado y a lo largo de un periodo de tiempo, especialmente en referencia a la frecuencia, la intensidad, la estacionalidad y el tipo de incendio (tipo de propagación). Aunque son muy diversos (de hecho, no hay dos paisajes con exactamente el mismo régimen), de manera cualitativa los grandes tipos de vegetación están relacionados con regímenes de incendios claramente contrastados (tabla 1), dado que las características ambientales son factores clave en determinar la vegetación y los incendios (figura 3). A continuación, describimos algunas de las componentes del régimen de incendios.

Figura 3
Las condiciones ambientales (clima y suelo) controlan los factores que determinan los incendios forestales: la variabilidad en la disponibilidad de agua, la productividad y biomasa (cantidad de biomasa y estructura de la vegetación) y las igniciones naturales; los incendios a su vez determinan y modulan la biomasa (retroalimentación negativa). La estacionalidad es un ejemplo de variabilidad en la disponibilidad de agua (intraanual), pero la variabilidad entre años también pude ser relevante en determinar incendios. La actividad humana afecta a las igniciones, a la biomasa (cambios de uso del suelo, abandono rural, fragmentación, etc.) y al clima. Las flechas indican relaciones que no tienen por qué ser lineales (figura 1).

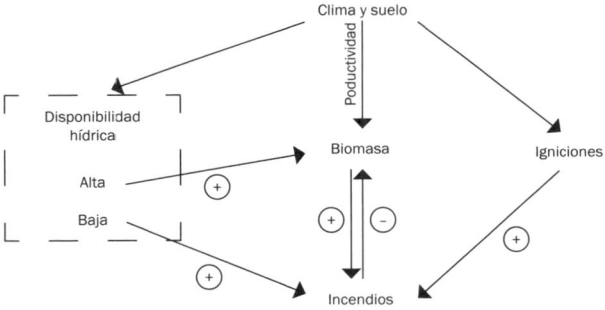

La frecuencia de incendios se puede expresar como el número de incendios durante un periodo determinado en la zona en cuestión. Tiene especial sentido biológico cuando se refiere a un punto o rodal concreto del paisaje. Por ejemplo, en un parque natural, es ecológicamente muy diferente si cada año se queman distintas zonas de este que si cada año se quema la misma; en este último caso, el ecosistema sufre una recurrencia de incendios. Un parámetro muy interesante y relacionado con la frecuencia es el intervalo entre incendios (en años), que se puede expresar como media durante un periodo determinado, con su variabilidad, y hace referencia a un punto o rodal concreto del paisaje. Este parámetro tiene mucho sentido desde el punto de vista biológico, ya que, como las unidades son años, permite comparar el régimen de incendios con parámetros vitales de los organismos (longevidad de la planta, edad de maduración, longevidad de las semillas, etc.). Por ejemplo, en zonas con un promedio de intervalos entre incendios de cinco años, difícilmente podrá sobrevivir una población de una especie no rebrotadora (es decir, especies en las que los individuos mueren con el fuego) que tenga una edad de maduración sexual mayor de cinco años, puesto que no dará tiempo a que se produzcan semillas durante el periodo entre incendios.

La información sobre frecuencia e intervalo de incendios se suele obtener a partir de estadísticas locales y mapas de incendios que realizan los administradores del territorio correspondiente (gobiernos, ayuntamientos, gestores de parques, etc.). A partir de fotos aéreas e imágenes obtenidas por satélite (teledetección), se puede reconstruir la historia de incendios de una zona o paisaje determinado, aunque solo para un periodo relativamente corto (según disponibilidad de las fotos e imágenes). En algunos casos se obtiene información de la historia de incendios con información de campo, a partir de las heridas que los incendios de superficie (de poca intensidad) dejan en los troncos de los árboles (figuras 4 y A3).

La intensidad de un incendio es un parámetro puramente físico (energía desprendida por el fuego) que se mide durante el transcurso del incendio. En incendios experimentales, se pueden colocar dispositivos electrónicos para medir directamente la intensidad en el campo, así como para medir las temperaturas que el fuego alcanza. Un buen indicador del calor desprendido por el fuego es el tiempo que el sistema está por encima de una temperatura elevada (tiempo de residencia). Una forma alternativa de obtener datos similares es poniendo antes de la quema contenedores metálicos con una cantidad de agua conocida y cuantificar el agua remanente después del paso del fuego; la cantidad de agua evaporada durante la quema es un indicador del tiempo de residencia y calor desprendido. La altura de la llama de un incendio suele ser una buena guía de la intensidad del fuego. A escala de paisaje, las imágenes por radiación infrarroja (termografías) tomadas durante el incendio nos pueden dar una idea de la intensidad del fuego en las diferentes zonas del paisaje. La severidad de un incendio es, en cambio, un parámetro biológico que se refiere al impacto del fuego en un organismo o ecosistema. Se mide después del incendio y es dependiente de la especie o ecosistema en cuestión (a veces se le llama gravedad del incendio, aunque a menudo este término alude más a la afección a la población e infraestructuras que a los ecosistemas). Por ejemplo, una medida de la severidad de un incendio en un ecosistema sería la cantidad de hojarasca que queda en el suelo justo después del paso del fuego: incendios muy severos consumirán toda la materia orgánica del suelo, mientras que incendios poco severos dejarán una buena parte de la hojarasca en el suelo. Para especies concretas, el grado de afección de las copas o la altura de la parte carbonizada constituyen medidas de severidad del fuego en los árboles. En arbustos, el fuego consume gran parte de la biomasa fina; el diámetro de las ramas que quedan después de un incendio (medido en la punta, el más fino) también indica la severidad: cuanto más grueso es este, más severo fue el incendio para esa especie de arbusto, y cuanto más fina sea la punta de las ramas que han quedado sin consumirse, menos severo fue el incendio.

Esta medida es útil cuando comparamos severidades de incendios en diferentes localidades para una misma especie, pero no entre especies diferentes. A escala de paisaje, la severidad se puede medir mediante la teledetección, pues actualmente se toman con una frecuencia elevada imágenes de la Tierra desde un satélite. Existen índices que cuantifican la cantidad de verde (correlacionado con la cantidad de biomasa) de un paisaje (por ejemplo, el llamado índice de vegetación normalizado o NDVI). Para una zona quemada se busca una imagen de teledetección tomada antes del incendio y otra justo después, y se calcula el índice de vegetación de cada imagen. La diferencia en los índices entre esas dos imágenes nos proporciona un indicador de la severidad del fuego en cada píxel y, por lo tanto, la distribución en el espacio de la severidad. Este procedimiento se utiliza a veces para localizar zonas donde la severidad fue muy elevada y que podrían requerir medidas de gestión para evitar la erosión o acelerar la regeneración.

Cabe señalar que la intensidad y la severidad del fuego pueden estar positivamente relacionadas, pero no necesariamente. Por ejemplo, en una selva tropical húmeda, si se da un incendio, es posible que sea de sotobosque o de hojarasca y muy poco intenso. Pero, en esos ecosistemas, los árboles pueden ser muy sensibles al fuego e incendios muy poco intensos pueden generar elevada mortalidad y ser muy severos para ese ecosistema.

Otro aspecto del régimen de incendios es la estacionalidad. La mayor actividad de incendios se da en la estación más seca, aunque la duración e intensidad de esta varía según los diferentes climas y ecosistemas. Además, existen casos en que la mayor actividad de incendios no se da en la época más seca del año. Por ejemplo, en California, la estación más seca y cálida es el verano, y es cuando ocurren la mayoría de los incendios, pero es en otoño cuando se registra la mayor parte de la superficie anual quemada. Esto se debe a los fuertes vientos otoñales de California (de Santa Ana) que propagan los incendios con gran rapidez afectando a grandes superficies.

En las sabanas tropicales, los incendios naturales se suelen dar al final de la estación seca, cuando la vegetación está muy seca y empiezan a caer los rayos que anuncian la estación lluviosa. La estacionalidad es especialmente relevante en el marco de la gestión. Las quemas, tanto tradicionales (realizadas por indígenas, pastores, etc.) como actuales, para la gestión forestal pueden variar de estación según el objetivo de estas, pero, en general, se realizan fuera de la estación más seca para prevenir que el fuego se escape de la zona deseada. De esta manera, el efecto del fuego de una quema puede ser diferente al de un incendio, ya que las plantas y animales están en diferentes momentos fenológicos.

Existen varios tipos de incendios según el estrato de la vegetación afectado por el fuego. Cada uno de estos es característico de diferentes ecosistemas y condiciona distintos regímenes y características adaptativas de las plantas. Se diferencian tres grandes tipos: incendios de superficie, incendios de copa e incendios de subsuelo.

Incendios de superficie

Se propagan por el estrato herbáceo o la hojarasca. Dependiendo de la densidad de árboles, los incendios de superficie se suelen llamar incendios de sotobosque (en bosques densos), incendios de sabana (sistemas forestales abiertos y sabanas) o incendios de pradera (en praderas y llanuras sin árboles). En los sistemas con árboles e incendios de superficie hay una discontinuidad vertical del combustible fino, de manera que el estrato herbáceo o el sotobosque está separado de las copas de los árboles e impide que el fuego de superficie se propague a estas. Los incendios de superficie son muy comunes y se dan en: 1) praderas y llanuras templadas y tropicales; 2) sabanas tropicales o subtropicales, con elevada estacionalidad y productividad; 3) pinares densos subtropicales, con elevada estacionalidad y productividad (por ejemplo, sureste de EE UU, Centroamérica y Caribe); 4) bosques de coníferas de la montaña mediterránea (figura A4) y 5) bosques boreales de Europa y Asia. En general, son incendios poco intensos pero frecuentes, y esta asiduidad limita la acumulación de combustible y mantiene la discontinuidad entre el sotobosque y las copas.

En ambientes con incendios de superficie se han seleccionado árboles cuyos troncos presentan cortezas gruesas y un estrato herbáceo compuesto por plantas rebrotadoras de elevada inflamabilidad. Los árboles sobreviven a los incendios gracias a la protección de la corteza, que aísla los tejidos vitales del calor. A pesar de esto, los fuegos de superficie suelen dejar marcas o heridas en los troncos; esas heridas son utilizadas en estudios dendrocronológicos para datar los incendios, y conocer la frecuencia de incendios en esos ambientes (figuras 4 y A3). En ecosistemas donde hay árboles que viven varios centenares de años se han obtenido series muy largas de historia de incendios, lo que ha hecho posible relacionar los cambios en la frecuencia de incendios con características climáticas y de historia de usos del territorio (figuras 4 y A3). En regiones muy pobladas desde antaño, como en la mayor parte de la cuenca mediterránea, existen pocos lugares con árboles viejos debido a la intensiva explotación maderera que se ha ejercido desde muy antiguo, lo que limita el uso de estos para entender la historia de incendios.

FIGURA 4

Ejemplo de una cronología de incendios de superficie elaborada a partir de muestras de troncos de 13 árboles (pinos) en Estados Unidos. Cada línea horizontal punteada corresponde a un árbol y cada segmento vertical corresponde al año (anillo de crecimiento) donde se observó la marca (cicatriz) de incendio. La existencia de estas cicatrices demuestra que estos árboles sobrevivieron a los incendios por ser poco intensos y de superficie. El periodo de estudio comprende desde 1450 hasta 2000, aunque pocos árboles se remontaban al año 1450 (574 años de edad). Nótese el cambio abrupto en el régimen de incendios: entre el inicio de la serie y 1871 (año del último incendio), el intervalo entre incendios fue de entre 3 y 11 años, mientras que no hubo ningún incendio en los últimos 130 años. Ese cambio se asocia a políticas de protección y extinción de incendios durante los últimos años en estos ecosistemas.

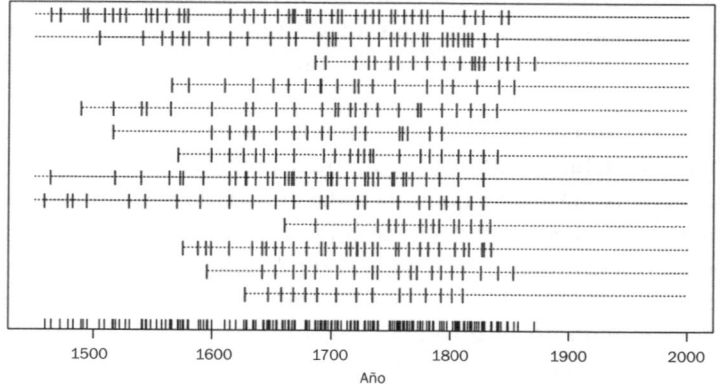

Incendios de copa

En estos incendios el fuego afecta prácticamente a todos los estratos de la vegetación y a toda la parte aérea de las plantas, incluyendo las copas de los árboles. Son más intensos que los de superficie. El fuego puede extenderse por las copas independientemente de la propagación por la superficie (incendio de copa independiente), simultáneamente por la superficie y las copas (incendio de copas activo) o solo por la superficie y afectar a las copas desde la superficie (incendio de copas pasivo); en cualquiera de los casos, tanto la superficie como la mayoría de copas se ven afectadas por el fuego, al contrario que en los incendios de superficie, donde la mayoría de las copas no se afectan.

Los incendios de copa son típicos de los matorrales, bosques mediterráneos relativamente densos (figura A5) y algunos bosques boreales. A veces se les llama también incendios de reemplazamiento, porque la regeneración reemplaza a la vegetación previa al incendio. Sin embargo, no todos los incendios de copa son realmente de este tipo; en los ecosistemas donde dominan especies con rebrote epicórmico (capítulo 3) no hay un reemplazamiento, sino que los árboles permanecen casi intactos después del fuego, rebrotando desde la misma copa. En la cuenca mediterránea se dan incendios de copa, por ejemplo, en matorrales, maquias, coscojares, encinares y pinares de pino carrasco. En los bosque boreales de Norteamérica, los incendios también son de copa, pero con frecuencias más bajas e intensidades más elevadas que en los ecosistemas mediterráneos.

La intensidad, y en general también la severidad, de los incendios de copa es mayor que la de los incendios de superficie. En los ecosistemas con incendios de copa, la mayoría de plantas, incluidos árboles, se ven fuertemente afectadas por el fuego, y la parte aérea de casi todas muere. Por lo tanto, en la mayoría de los casos no quedarán cicatrices que sirvan para conocer y estudiar la historia de los incendios, como es el caso en las zonas con árboles y con incendios de superficie. Algunas especies tendrán la capacidad de rebrotar después de ser quemadas, en general, desde la base del tallo o desde órganos subterráneos; en algunas especies, los troncos sobreviven y rebrotan epicórmicamente, como veremos en el capítulo 3. Otras especies morirán y regenerarán sus poblaciones mediante una abundante germinación de semillas acumuladas en el banco de semillas (en el suelo o en la copa; capítulo 3) durante los años entre incendios. En estos ecosistemas habitan incluso especies sin capacidad de rebrotar ni de acumular un banco de semillas persistente; en ese caso, las plantas morirán por el fuego y la recuperación dependerá de la llegada de semillas de las zonas cercanas no afectadas por incendios (especies colonizadoras posincendio). La capacidad de recolonización de estas especies depende, por tanto, de su capacidad de dispersión y del tamaño y heterogeneidad del incendio.

Los ecosistemas forestales raramente se ven afectados por incendios o entran en una de estas dos grandes categorías, sistemas con regímenes de incendios de superficie o sistemas con regímenes de incendios de copas. Existen, sin embargo, algunos ecosistemas forestales donde el régimen de incendios es de tipo mixto, es decir, dependiendo de las condiciones del año (clima, cantidad de combustible, etc.), pueden tener un incendio de superficie o de copa. También, a veces, en un mismo incendio, se pueden dar de manera parcheada zonas donde las copas se ven severamente quemadas y zonas donde el fuego es de superficie (a estos incendios heterogéneos a veces se les conoce como de aclareo).

Incendios de subsuelo

No suelen generar llamas en la superficie, sino que arde el subsuelo; se dan típicamente en turberas y ciénagas. Se observan tanto en zonas boreales como en zonas tropicales, e incluso en zonas mediterráneas, aunque en estas últimas las turberas son raras. Similares incendios se observan en vertederos y en escombreras de carbón, que pueden propagarse a la vegetación colindante. En general, los incendios de subsuelo son poco frecuentes, se propagan lentamente y ocurren en años muy secos o por desecación antrópica de las turberas. Además, pueden durar mucho tiempo (meses) y, dada la cantidad de materia orgánica que hay en las turberas, la cantidad de CO_2 vertido a la atmósfera puede ser muy elevada. Son muy difíciles de controlar. En algunos casos, los incendios de subsuelo llegan a zonas de matorral o bosques y propician incendios de otro tipo. En otros casos, incendios de copa que se habían considerado extinguidos se reproducen al cabo de días o semanas debido a que se mantuvieron en el subsuelo y fuertes vientos pueden reavivarlos. A veces, incendios de copa de verano pasan el invierno de manera latente en el subsuelo (coloquialmente llamados *incendios zombis*) y se reavivan al siguiente verano o cuando las condiciones son apropiadas, tal como está ocurriendo recientemente en zonas boreales.

TABLA 1

Características generales de los regímenes de incendios típicos de los principales tipos de ecosistemas. Se indica de manera cualitativa la frecuencia (entre paréntesis, el intervalo aproximado entre incendios), la intensidad y el tipo de incendio.

ECOSISTEMAS	FRECUENCIA	INTENSIDAD	TIPO
Selvas lluviosas	Muy baja/nula	Muy baja	De superficie
Bosques boreales (América/Eurasia)	Baja (>200 años)	Elevada/baja	De copa/ de superficie
Sabanas tropicales	Elevada (<10 años)	Baja	De superficie
Bosques estacionales montanos	Elevada (<20 años)	Baja	De superficie
Ecosistemas mediterráneos	Intermedia (25-100 años)	Elevada	De copa
Desiertos	Baja/muy baja	Baja/muy baja	De superficie
Turberas	Baja		De subsuelo

Un ejemplo emblemático de incendios de subsuelo fueron aquellos acaecidos en 1977 en Indonesia que afectaron a casi 10 millones de hectáreas, tanto de bosque como de turbera. Durante varios años, en la época seca se producían incendios debido a que el fuego no se había extinguido totalmente en las turberas. Estos incendios de Indonesia se dieron como consecuencia de la desecación de las turberas por drenaje para la agricultura y el urbanismo, que hizo que estas prendieran con facilidad. Los niveles de partículas en suspensión en la península malaya superaron todas las normas sanitarias y la visibilidad para el tráfico aéreo y marítimo quedó dramáticamente reducida. La emisión de carbono a la atmósfera de este incendio representó el mayor pico de emisiones de CO_2 jamás conocido y correspondió a entre un 13 y un 40% de las emisiones anuales de combustibles fósiles del planeta. Estos incendios de Indonesia mostraron el carácter global que los incendios forestales pueden llegar a alcanzar.

Incendios en el mundo

Ya hemos visto que para que haya incendios se necesitan igniciones (por ejemplo, rayos), vegetación continua (biomasa combustible) y condiciones climáticas apropiadas (cierta sequedad) (figura 1). Rayos hay en casi todo el mundo (que a menudo ocurren en periodos secos; figuras A1 y A2); vegetación continua, en casi todos los ecosistemas terrestres, y además, en muchos de ellos existe un periodo de sequía más o menos corto o tienen años secos, que proporcionan las condiciones ideales para un incendio. Por lo tanto, incendios se dan en casi todos los ecosistemas del mundo (figura A6), aunque con diferentes regímenes (tabla 1). La mayor actividad de incendios ocurre en zonas tropicales y subtropicales con elevada productividad y estacionalidad (figuras 1 y 4, tabla 1). Es el caso de las sabanas, donde la alta recurrencia de incendios no permite grandes acumulaciones de biomasa combustible, por lo que los incendios en estos sistemas son de baja intensidad, pero muy frecuentes. Las zonas con menos actividad de incendios son los desiertos y cumbres de montañas —por la baja productividad de estos ambientes, que limita la acumulación de suficiente biomasa— y las selvas lluviosas (pluviselvas), sin estación seca. Existen ciertas zonas áridas donde hay suficiente vegetación herbácea, como, por ejemplo, el centro de Australia, donde los incendios también constituyen una parte importante del ecosistema. Los ecosistemas mediterráneos están en una situación intermedia, con intervalos entre incendios de decenas de años (tabla 1, figura 5).

Aunque incendios hay en muchos tipos de ecosistemas, el régimen de incendios y los mecanismos que lo determinan varían entre ellos (tabla 1). En ecosistemas productivos (por ejemplo, bosques templados, boreales, pluviselvas) la biomasa es abundante, pero las condiciones para la elevada inflamabilidad (es decir, la baja humedad) se dan con poca frecuencia. Estos ecosistemas arden con poca frecuencia, pero en un año especialmente seco pueden hacerlo con bastante intensidad, dada la elevada biomasa (dependiendo de la intensidad de la sequía). Por lo tanto, en ecosistemas productivos, se trata de un régimen de incendios condicionado por sequía (parte izquierda de la figura 5). En ecosistemas secos, las condiciones apropiadas para arder (condiciones inflamables) se dan muy frecuentemente, pero es la falta de biomasa lo que dificulta la propagación del fuego. En ellos, cuanto mayor es la productividad, menor es el efecto limitante del combustible y, por lo tanto, mayor es la actividad de los incendios. Estos ecosistemas presentan regímenes de incendios limitados por combustible (biomasa; parte derecha de la figura 5). Los sistemas con dichos regímenes suelen ser sensibles a efectos indirectos del clima (que hemos comentado anteriormente), cosa que no ocurre en sistemas productivos con regímenes condicionados por sequías. Es decir, en un sistema árido con poca biomasa, una época lluviosa puede incrementar la biomasa fina y, por lo tanto, en la siguiente estación seca esa biomasa puede facilitar la propagación del fuego.

La máxima frecuencia de incendios ocurre en ecosistemas fuertemente estacionales (figura 3), donde cada año hay una época muy húmeda y cálida que genera mucha biomasa fina (herbácea) y una época muy seca en la que esa biomasa es consumida por el fuego. Este régimen es típico de las sabanas tropicales. El hecho de que las relaciones fuego-clima sean diferentes entre los sistemas en los que la actividad de incendios está mediada por sequías y aquellos en los que está limitada por el combustible implica que los cambios climáticos afectan de manera distinta a cada uno de ellos (capítulo 5). En la cuenca mediterránea, la máxima actividad de fuegos se da en matorrales secos (aulagares, brezales, coscojares, etc.). La actividad de incendios disminuye hacia ecosistemas más húmedos, como los bosques perennifolios (encinares y carrascales) y aún más en los bosques caducifolios (robledales y hayedos). Del mismo modo, la actividad de incendios disminuye hacia ecosistemas más secos, como los tomillares, espartales y las comunidades semiáridas.

FIGURA **5**

Relación hipotética entre la actividad de incendios (en ordenadas) y la aridez o la productividad del ecosistema (en abscisas). La actividad de incendios es mínima en los extremos y máxima en condiciones donde se dan las dos condiciones, una relativamente elevada productividad y una cierta aridez, al menos en una estación del año (sabanas tropicales). En los ecosistemas más productivos (hacia la izquierda), los regímenes de incendios dependen de la frecuencia de sequías; en los ecosistemas con elevada aridez (hacia la derecha), el factor limitante es la cantidad de biomasa combustible. Se indica la ubicación aproximada en el gradiente aridez/productividad de las selvas lluviosas, los bosques templados cálidos (perennifolios), las sabanas tropicales, los matorrales mediterráneos y los desiertos.

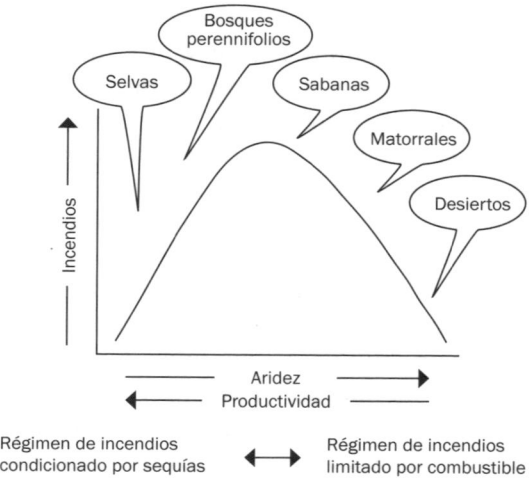

Los incendios y el ciclo de nutrientes

Esta gran importancia de los incendios en el mundo hace que sea uno de los procesos más importantes para entender los ciclos globales de CO_2 y nutrientes a escala global. Tradicionalmente se consideraba que la transformación de la materia orgánica en inorgánica se realizaba mediante la descomposición en el suelo. Es decir, la materia orgánica de las plantas (hojas, ramas, etc.) cae al suelo, se descompone gracias a los invertebrados y microorganismos de este, y así vuelve a estar disponible (en forma inorgánica) para las plantas. Hoy en día sabemos que esta no es la única manera de que ocurra esa transformación. Los herbívoros, especialmente los grandes herbívoros (vertebrados), y los incendios constituyen otras dos formas de realizar el mismo proceso de transformación de materia orgánica a inorgánica. La descomposición en el suelo consume materia seca, los herbívoros consumen materia verde, y los incendios, tanto seca como verde. Además, se realiza a una escala muy local (la materia se descompone donde cae, cerca de la planta). Los herbívoros consumen la vegetación en un lugar, pero pueden excretar lejos de este, por lo que distribuyen la materia orgánica y los nutrientes en el paisaje. Los incendios dejan parte de los nutrientes localmente (cenizas), otra parte se desplaza con las lluvias y otra puede viajar muy lejos con el viento (humo), incluso a otros continentes. Por ejemplo, una parte importante del fósforo que utilizan las plantas en el Amazonas proviene de los incendios de África, transportado por el viento. Estos tres métodos de transformación de la materia orgánica se pueden dar en cualquier ambiente, pero existe una cierta segregación de nicho. La descomposición por microorganismos del suelo ocurre principalmente en bosques y en ambientes húmedos y relativamente fértiles; los herbívoros tienen un papel predominante en ambientes secos y relativamente fértiles; y los incendios son preponderantes en ambientes con productividad intermedia (figura 5) con una estación seca.

La transformación de la materia orgánica mediante la descomposición en el suelo constituye un proceso lento, mientras que los incendios realizan la transformación de forma episódica y rápida. Además, los incendios contribuyen al ciclo de la materia orgánica y de los nutrientes a escalas espaciales y temporales muy amplias. Por otro lado, los incendios, especialmente los de elevada intensidad, contribuyen a la meteorización de las rocas y, por tanto, al incremento de nutrientes en el suelo. Además, tanto las cenizas como los aerosoles (humo y partículas) de los incendios pueden llegar al mar, donde pueden actuar negativamente como contaminantes, pero también positivamente al fertilizar el sistema marino. De hecho, después de algunos de los grandes incendios ocurridos recientemente, se ha observado una fertilización del océano, con un incremento masivo de fotosíntesis por plancton, que a su vez implica un aumento en fijación de carbono, que acaba depositándose en el fondo marino. Esta fijación de carbono no suele estar considerada en los balances que actualmente se realizan en relación con los incendios forestales. Es decir, los incendios constituyen un factor muy importante en los ciclos biogeoquímicos de la biosfera, a pesar de que a esta escala todavía están poco estudiados.

CAPÍTULO 2

Incendios en la historia

Los incendios en la historia de la Tierra

Ya hemos mencionado que para que se inicie un fuego se necesitan tres componentes: ignición, oxígeno y combustible. Además, para que se propague ese fuego y genere un incendio, se requieren ciertas condiciones de sequía y continuidad del combustible. En nuestro planeta siempre ha habido fuentes de ignición (rayos, volcanes, etc.). El oxígeno atmosférico apareció por la acumulación generada por cianobacterias marinas durante el Proterozoico (Precámbrico). Y la biomasa combustible apareció en el Silúrico (hace 450 millones de años) con la colonización del medio terrestre por las plantas. Es, pues, en este periodo la primera vez que existían los tres ingredientes indispensables para que haya fuego. Y ciertamente se han encontrado carbones fósiles (indicadores de la ocurrencia de incendios) en estratos geológicos de ese periodo. Por lo tanto, existen incendios desde que las plantas colonizaron el medio terrestre; estos primeros incendios eran poco intensos. Se observa una gran acumulación de carbones fósiles durante el Carbonífero (hace 359 millones años), periodo en que la concentración de oxígeno llegó a valores muy elevados (aproximadamente el 31%, comparado con el 21% actual), lo que confería a la vegetación una elevada inflamabilidad, generando incendios en condiciones de humedad que actualmente serían impensables. En el Cretácico (hace 145 millones de años) también hubo un pico de elevada concentración de oxígeno que incrementó la inflamabilidad de los ecosistemas. Además, el régimen de incendios ha ido variando tanto por cambios climáticos como por cambios en la fauna (es decir, cambios en los herbívoros consumidores de biomasa vegetal), y durante el Holoceno, por cambios relacionados con la actividad humana (cambios socioeconómicos, gestión de los ecosistemas, etc.).

Existen diversos procesos clave en la distribución de las especies vegetales terrestres que todo apunta a que están ligados a la recurrencia de incendios durante la historia de las plantas. Por ejemplo, hay evidencias que indican que la explosión y dominancia de las angiospermas durante el Cretácico (hace entre 145 y 65 millones de años) fue posible gracias a la existencia de fuegos recurrentes. Hasta entonces, muchos ecosistemas estaban dominados por coníferas; la elevada concentración de oxígeno alcanzada en ese periodo incrementó la actividad de los incendios y generó claros en esos bosques, que fueron progresivamente invadidos por angiospermas. Esas primeras angiospermas eran plantas pequeñas, de vida corta, a menudo herbáceas y finas, que arden fácilmente. Esos incendios afectaron negativamente a las coníferas de la época (sensibles al fuego) y facilitaron la expansión de las angiospermas oportunistas. También conllevó la generación de las primeras adaptaciones a los incendios en coníferas. Del mismo modo, la expansión y diversificación de las especies con fotosíntesis C4 (una fotosíntesis más eficiente en condiciones tropicales y áridas) está asociada al incremento de la actividad del fuego durante el final del Terciario (Mioceno). La gran estacionalidad climática de este periodo facilitó los incendios; estos generaron claros en los bosques que, junto con la aridez, crearon las condiciones favorables para las especies C4. Dado que estas especies son muy inflamables, se generó un efecto de retroalimentación positiva que permitió la expansión de las especies C4 de una manera muy similar a lo que pasa actualmente en las sabanas tropicales.

Durante la transición del Terciario (65-4,6 millones de años) al Cuaternario (desde 4,6 millones de años a la actualidad) se produjo un proceso gradual de aridificación que condujo, sin lugar a dudas, a un incremento en la frecuencia de condiciones inflamables y, por lo tanto, a un aumento paulatino de la importancia de los incendios en los ecosistemas. Probablemente, durante gran parte del Terciario los incendios estuvieron relegados a las partes más secas de los paisajes y a zonas con suelos más pobres. Con la aridificación fue aumentando la proporción del paisaje susceptible de sequías y de condiciones inflamables. En esta etapa también hubo glaciaciones y periodos interglaciares que modificaron tanto la vegetación como los regímenes de incendios (el último máximo glacial se dio hace unos 20 000 años). Estos cambios climáticos, junto con la aparición de los humanos también durante el Cuaternario, afectaron a la megafauna, lo que tuvo consecuencias en el régimen de incendios. Durante el primer periodo del Cuaternario (el Pleistoceno, entre 2,6 millones de años y 12 000 años) existía una gran abundancia de megafauna herbívora (como los mamuts) que consumían gran cantidad de biomasa vegetal (a modo de ejemplo, un elefante actual, más pequeño que aquellos mamuts, consume aproximadamente 200 kilos de vegetación al día). La extinción de esta megafauna durante la transición al Holoceno elevó en gran medida la biomasa disponible que, junto con las condiciones más áridas del momento, favoreció la actividad de los incendios. Similares procesos se dieron seguramente en múltiples sitios y en diferentes momentos de la historia de la vida.

A pesar de saber que diversos procesos en la historia de las plantas estuvieron mediados por incendios, la historia exacta de incendios a escala de millones de años es muy difícil de precisar, ya que los restos de los incendios (carbones) son complicados de localizar. Además, el proceso de fosilización se da principalmente en zonas húmedas, y no en zonas secas, que son las más propensas a incendios. Por tanto, nuestro conocimiento de su historia es limitado, es decir, la ausencia de carbones fósiles durante algunos periodos de la historia no demuestra la inexistencia de incendios. En cualquier caso, de lo que no cabe duda es que los incendios han ocurrido siempre durante la historia evolutiva de las plantas y, por tanto, es de esperar que muchas hayan adquirido características y estrategias para vivir y reproducirse en zonas que se incendian frecuentemente (capítulo 3).

El fuego y el origen de los humanos

El Cuaternario es el periodo de la aparición de los humanos (*Homo sapiens*). Estos se originaron en África (hace unos 200 000 años) y después se extendieron por Eurasia y Oceanía (hace unos 40 000 años) y por América (hace unos 15 000 años). El origen de los humanos está fuertemente ligado al fuego. Es probable que *Homo erectus* fuera la primera especie que controló el fuego, y la evolución a *Homo sapiens* fue favorecida por el fuego. Los homínidos más primitivos no sabían hacer fuego, de manera que lo conservaban (y luchaban por él) como un tesoro muy preciado (una interesante puesta en escena de esto se puede ver en la película *En busca del fuego*, 1981). El momento en que aprendieron a hacer fuego todavía está en discusión, pero hay evidencias de restos de hogueras en el este de África de hace 1,5 millones de años, y evidencias más claras en el Oriente Medio de 800 000 años de antigüedad. El ingerir comida cocinada aumentó la cantidad de proteínas y carbohidratos en la dieta, así como la diversidad de alimentos (por ejemplo, el efecto detoxificante al calentar comida) y, por tanto, les confirió ventaja respecto al resto de homínidos que no utilizaban el fuego. Además, el cocinar forzó el desarrollo de habilidades sociales típicas de los humanos como el paso de la recolección y consumo individual e inmediato a la recolección y posterior cocinado y consumo colectivo. Esto llevó al reparto de tareas: recolectar y almacenar comida, vigilar (y robar) la comida almacenada, cocinar, así como al acto social de comer y conversar alrededor del fuego. La luz del fuego permitió realizar actividades nocturnas y el uso de cavernas profundas. Todo ello repercutió en la evolución de características tanto físicas (dientes y mandíbulas menores, etc.) como sociales de los humanos. De hecho, el fuego y cocinar fue un foco de cohesión social y familiar, y seguramente forzó el desarrollo de la comunicación oral y la cultura. También permitió alargar la esperanza de vida, no solo por el mayor aporte de alimentos, sino por el hecho de que ingerir comida blanda favoreció extender la vida más allá de la época en la que la dentadura era dura y resistente. Además, el prolongar la esperanza de vida más allá de la vida reproductiva de las mujeres permitió el cuidado y la reducción de la mortalidad de los nietos (el llamado "efecto abuela"), aumentando aún más la eficacia biológica de los humanos gracias al uso del fuego. El fuego también fue de extremada importancia como arma de defensa contra plagas, predadores y enemigos, así como para la colonización de ambientes fríos cuando los humanos salieron de África.

Una vez adquirido el control del fuego, los humanos empezaron a utilizarlo para muchas actividades, tanto domésticas (cocinar, producir luz, calentarse) como de adquisición de recursos de su entorno. Así, a menudo quemaban el monte para conseguir brotes tiernos, cazar, generar pastos, luchar entre poblados, ahuyentar fieras o eliminar plagas. El desarrollo de la agricultura también se vio favorecido por el uso del fuego; de hecho, se cree que uno de los motivos por los que la agricultura surgió y se expandió rápidamente en el Mediterráneo fue la facilidad de quemar (y, por lo tanto, de deforestar) estos ambientes. Las quemas practicadas por los humanos, y la fragmentación del paisaje (y del combustible) debido a la expansión de la agricultura y las viviendas, hizo que el régimen de incendios fuera cambiando durante la historia, disminuyendo la frecuencia en algunos sitios y creciendo en otros. Estos incrementos de población y cambios de uso del suelo se dieron durante el Holoceno, en paralelo al aumento de la sequía característico de este periodo. En qué medida los cambios en el régimen de incendio son directamente debidos a la actividad humana o a los cambios climáticos es incierto; seguramente los dos factores intervinieron en el modelado del régimen de incendios de este periodo. Cómo serían nuestros paisajes y los incendios sin los humanos es difícil de conocer, si no imposible, porque los incendios y los humanos han coexistido durante un periodo largo y sometido a cambios climáticos. En cualquier caso, no hay duda que desde el Neolítico los humanos y el fuego han ido moldeando los paisajes de la Tierra.

Uso tradicional del fuego

Actualmente se han extinguido la mayoría de culturas tradicionales que vivían directamente a partir de los recursos naturales (culturas indígenas). Sin embargo, hay muchas evidencias que apuntan a que la mayoría hacía un uso extensivo del fuego. Quizá, uno de los ejemplos mejor estudiados es el de los aborígenes australianos, ya que hasta hace poco aún quedaban pequeñas comunidades viviendo de manera tradicional. También existen pequeñas comunidades viviendo de manera tradicional en diversas localidades de Latinoamérica. La gran abundancia de carbón en muchos suelos de la Amazonia sugiere también un uso extensivo del fuego por los indígenas de la zona.

En la mayoría de las culturas nómadas o seminómadas, el fuego se utilizaba para la gestión del paisaje y la obtención de sustento y, por lo tanto, era una herramienta de mucho valor. Por ejemplo, el fuego se utilizaba para acorralar a la fauna y facilitar la caza, para la regeneración de pastos con el fin de atraer caza, mantener el ganado u obtener plantas deseables, para crear campamentos y eliminar enfermedades y plagas o defenderse de fieras, para protegerse de incendios intensos, para luchar entre tribus e, incluso, para generar lluvias (algunos incendios provocan pirocumulonimbos, que, a su vez, pueden producir lluvias). En muchos casos, se creaban mosaicos en el paisaje con zonas de distintas edades posfuego para maximizar la diversidad de hábitats y, por tanto, de usos y tipos de comida. Este uso intensivo del fuego durante muchas generaciones les permitió conocer en profundidad el comportamiento del fuego, de manera que lo utilizaban con una gran habilidad, provocando fuegos poco destructivos, con las frecuencias deseadas y con objetivos muy claros. Actualmente, tanto los indígenas australianos como muchos indígenas africanos todavía son considerados como grandes expertos en el uso del fuego, y existen proyectos para aprender de ellos. Se sabe que los indígenas americanos también utilizaban el fuego de manera extensa, a partir de diversos relatos de los primeros europeos que llegaron a América y, de hecho, muchos de los regímenes de fuego observados en los troncos de los árboles (figura 3 y A3) responden a fuegos de superficie mantenidos por indígenas. Probablemente, muchas sabanas y praderías fueron moldeadas y conservadas por los indígenas mediante el fuego durante generaciones, en algunos casos sustituyendo a los grandes herbívoros que iban desapareciendo.

Para las culturas con agricultura itinerante, el fuego también fue una herramienta indispensable. Los agricultores abrían claros en la vegetación mediante rozas, después dejaban secar la vegetación cortada y, finalmente, la quemaban, de manera que las cenizas fertilizaban el suelo (técnica de roza y quema); posteriormente, plantaban. Dependiendo de la fertilidad del suelo de la zona, la vida útil de ese cultivo variaba, pero normalmente se abandonaba a los pocos años o se rotaba (se dejaba en barbecho). La roza y quema se han practicado en diferentes periodos de la historia en prácticamente todas las culturas, aunque actualmente se asocian principalmente a zonas tropicales. Dada la baja fertilidad de muchos suelos tropicales, la zona afectada por la quema se torna inútil para la agricultura muy rápidamente, de forma que los agricultores se van moviendo a nuevas localidades. Con la elevada población actual, este proceso puede afectar y degradar grandes extensiones del paisaje. Los pastores de cualquier parte del mundo también han utilizado (y aún utilizan) el fuego para generar y mantener pastos.

En gran parte de los ecosistemas templados y mediterráneos, la vida sedentaria y el gran esplendor de la agricultura y la ganadería fragmentó en gran manera los paisajes. Además, el uso generalizado de los montes para pastoreo, producción de madera y recolección de leña mantuvo las zonas forestales (no agrícolas) con cantidades de combustible bajas. En estas condiciones de paisajes con elevada densidad de población rural, la actividad de incendios era baja, tal y como pasa hoy en día en regiones muy rurales. En este tipo de paisajes, muchos rayos caen en campos cultivados o en zonas con muy poca vegetación y no generaran incendios; cuando las igniciones sí generan incendios, el tamaño de estos es limitado por la fragmentación, la herbivoría y la extracción de leña. En este contexto, las igniciones accidentales son relativamente bajas, ya que gran parte de la población vivía de los recursos de la tierra. Los pastores utilizaban el fuego para generar y mantener pastos, probablemente con una frecuencia muy alta y unas intensidades muy bajas, de modo que los campos de pastoreo funcionaban como cortafuegos.

Otro aspecto que ha contribuido a incrementar incendios en nuestros paisajes, aunque de forma más puntual, es el uso del fuego como arma de guerra. Lo utilizaron las tribus primitivas en sus luchas, pero también todas las culturas posteriores hasta nuestros días. En el sur de Europa, los enfrentamientos entre musulmanes y cristianos (las cruzadas) durante la Edad Media recurrían frecuentemente a la táctica llamada "tierra quemada", que consistía en quemar y arrasar el territorio del enemigo. La misma táctica se ha utilizado en muchísimos conflictos a lo largo la historia, incluyendo la guerra de Vietnam o la guerra civil española, donde se quemaba el monte para expulsar a los guerrilleros que se refugiaban en las montañas (maquis), o en las recientes guerras en Ucrania y Oriente Medio, por mencionar solo algunos casos.

Cambios socioeconómicos

Los cambios de modelo social y económico a menudo conllevan modificaciones en la gestión del paisaje y del uso del territorio. Debido a que los incendios son procesos que se generan gracias a la continuidad y conectividad espacial del combustible, pequeñas transformaciones del paisaje a lo largo del tiempo pueden implicar, en un momento determinado, un cambio abrupto en el régimen de incendios (efecto umbral en la conectividad del paisaje; figura 1). Aquí mencionamos algunos ejemplos de modificaciones bruscas en el régimen de incendios debidas a cambios en el modelo socioeconómico.

América

Como hemos comentado en el apartado anterior, el fuego era de gran relevancia en la gestión del territorio para los indígenas de Sudamérica. La gran cantidad de carbones el los suelos del Amazonas es un ejemplo. La invasión de América por parte de los europeos supuso la extinción de una gran parte de la población indígena, así como de su modelo socioeconómico y de uso del paisaje. Esta extinción condujo a una drástica reducción de los incendios y, en consecuencia, a un gran aumento de la biomasa vegetal y, por ende, de la fijación de carbono. La magnitud de este proceso fue tal que ese incremento de la fijación del carbono se asocia a una reducción del CO_2 atmosférico a escala planetaria (detectada en estudios realizados en los polos).

La visión europea de la naturaleza es *bosquecéntrica*. Cuando la cultura europea se extendió a las Américas, se introdujeron políticas de reducción de los incendios para la supuesta conservación de los bosques (la conservación era entonces para fines productivos). Esas políticas de prevención y extinción de incendios fueron muy efectivas, y realmente los redujeron notablemente en muchos bosques (figura 4). Sin embargo, desde el punto de vista ecológico, hay muchas evidencias que demuestran que ese fuerte cambio en el régimen de incendios no fue muy acertado. Hay muchas decisiones en la historia que se tomaron con buena voluntad, pero que tuvieron consecuencias negativas, y la eliminación de los incendios en algunos ecosistemas constituye un ejemplo de ello. Es el caso de los bosques donde dominaban incendios frecuentes de superficie: la eliminación de estos incendios generó una elevada acumulación de combustible que, al arder (algunos incendios son inevitables), provocan incendios de copa de elevada intensidad y afectan severamente a las especies del ecosistema. Además, en otros casos, la densa vegetación del sotobosque impedía la regeneración de algunas especies de plantas o la presencia de ciertas especies de fauna amantes de espacios abiertos.

Como respuesta a esta problemática, en muchos ecosistemas se están implantando programas de incendios prescritos y la reintroducción de los regímenes de incendios de superficie que antaño generaban los indígenas. Un ejemplo claro de estos cambios se dio en el Sequoia National Park (California). Las secuoyas gigantes de California (*Sequoiadendron giganteum*) son una especie excepcional y de gran interés, por ser organismos milenarios y por su enorme tamaño (el organismo vivo de mayor tamaño de la Tierra). En 1890 los bosques de secuoya fueron declarados como parque nacional con la máxima protección, incluyendo la supresión de los incendios. Después de un centenar de años con esa política, se observaron dos problemas de conservación: 1) no había reclutamiento de nuevos individuos de secuoya, porque la acumulación de hojarasca era muy elevada e impedía el establecimiento de las plántulas; y 2) cuando había un incendio (algunos son inevitables), las intensidades eran elevadas y afectaban negativamente a las secuoyas adultas y a otras especies del bosque.

Para solucionar esos problemas, actualmente se realizan quemas prescritas del sotobosque dentro del parque nacional; además, no siempre apagan los incendios naturales, intentando simular un régimen de incendios apropiado para la conservación de las secuoyas. Esa idea errónea de que para conservar la naturaleza hay que eliminar los incendios no fue exclusiva del oeste norteamericano, sino que se utilizó en muchas partes del mundo; actualmente, y por fortuna, hay muchas iniciativas de reintroducción de incendios para la conservación. También hay que mencionar que, en otras zonas, los incendios prescritos se han forzado a frecuencias muy elevadas con la finalidad de reducir la cantidad de combustible, lo que ha generado consecuencias negativas para la biodiversidad (capítulo 5). Lo importante, y no siempre fácil, es conocer el régimen de incendios sostenible y apropiado para la conservación; este varía según el ecosistema en cuestión, dependiendo de las características de las especies. Tanto una mayor como una menor frecuencia puede ser negativo.

Europa

Las sociedades modernas han sufrido cambios socioeconómicos recientes con implicaciones en el paisaje y en los incendios. Por ejemplo, con la industrialización y la modernización de la sociedad, en muchos países de la cuenca mediterránea se produjo un cambio drástico en el paisaje, sometido hasta entonces a una gran presión agrícola y ganadera y a un uso intensivo de los montes. El abandono de la agricultura y la ganadería durante el final del siglo XX llevó a un incremento en la cantidad y continuidad del combustible. La proliferación de plantaciones de árboles (especialmente coníferas, pero también eucaliptos) para la producción de madera o para la conservación de cuencas hidrográficas, que quedaron sin mantenimiento alguno, así como las políticas de prevención y extinción de incendios contribuyeron a ese aumento de combustible inflamable. Este cambio drástico, junto con la acentuación de igniciones inherente al crecimiento de la densidad de población, y aderezado con la elevación de la temperatura producto del efecto invernadero, ha generado durante los últimos años un aumento del tamaño y la frecuencia de incendios en muchos de los paisajes de la cuenca mediterránea. Este aumento se produjo a pesar del incremento paralelo en los esfuerzos de control y extinción de fuegos.

En España, el punto de inflexión se dio alrededor de los años setenta (figura 6), aunque en otros países los cambios se dieron en otros momentos. El colapso de la Unión Soviética constituye otro ejemplo de transformación socioeconómica

—esta, más reciente (en los años noventa)— que tuvo implicaciones en el paisaje y los incendios. Igual que en la cuenca mediterránea, después de la caída de la Unión Soviética se despoblaron muchas zonas rurales y se redujo notablemente el pastoreo y el uso del monte, con un consecuente incremento abrupto de los incendios. Estos procesos de cambios socioeconómicos con implicaciones en el régimen de incendios se repiten en muchos lugares del mundo.

Figura 6

Superficie anual afectada por incendios forestales (en miles de ha, desde 1873 hasta 2023; barras verticales) y evolución de la densidad de población rural (dedicada a la agricultura o ganadería, en habitantes/ha; línea continua y puntos negros), en la provincia de Valencia. El cambio abrupto en incendios se dio a inicios de los años setenta.

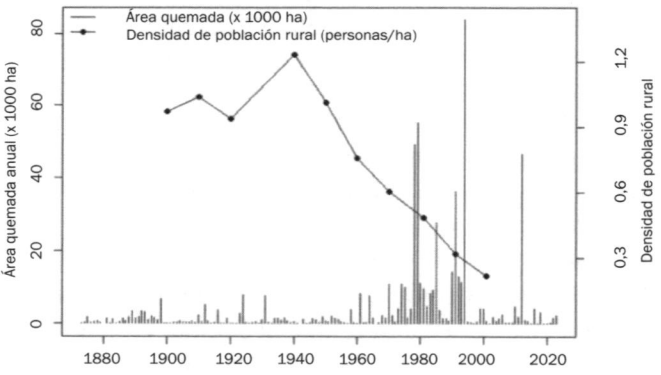

Regímenes naturales y regímenes sostenibles

El régimen de incendios es muy variable a escala espacial y está muy ligado a las variaciones en el clima y en la estructura de la vegetación (figuras 1 y 3). Cada ecosistema presenta un régimen de incendios característico, definido principalmente por el rango de frecuencias, intensidades, estacionalidad y tipo de propagación. A este rango típico de cada ecosistema lo podemos llamar el régimen de incendios natural o histórico (tabla 1), aunque este término resulta a veces un poco confuso. Primero, hay quien lo utiliza para referirse al régimen de incendios que había antes de los humanos. Eso fue hace mucho tiempo, y las condiciones climáticas eran diferentes a las actuales, por lo que trasladar el régimen de incendios de ese momento a la actualidad tendría poco sentido. Otras veces se considera régimen de incendios natural al que había con las culturas prehistóricas o indígenas, o antes de la industrialización; pero en distintas culturas y durante diferentes momentos de la historia se ha utilizado el fuego de varias formas, y no siempre de modo sostenible.

Definir una línea temporal, que separe lo que es natural de lo que no, no es tarea fácil. Otro problema de las definiciones basadas en el pasado es el de las plantas invasoras: con la gran presión de propágulos de plantas invasoras que existe actualmente en muchos sistemas naturales, es posible que algunos de los regímenes de incendios del pasado sean poco sostenibles ecológicamente, porque faciliten la entrada de invasoras, que antaño no estaban presentes. En otros casos, se define régimen de incendios natural a aquel provocado por rayos. Con un uso tan extensivo e intensivo del territorio como el actual, esta definición tiene poco sentido, ya que muchos rayos caen en zonas agrícolas o urbanas y no provocan incendios, o cuando los provocan, están más limitados en tamaño que antes de la existencia de estos usos, o son apagados rápidamente. Todo ello sin mencionar que la presión humana está cambiando el clima y, quizá, también el régimen de rayos. Más importante que el régimen natural es el régimen sostenible, es decir, sostenible para la conservación del ecosistema y su biodiversidad; ese régimen sostenible puede cambiar con el clima.

Como hemos visto en los apartados anteriores, la humanidad ha modificado el régimen de incendios, a veces aumentando su frecuencia, a veces disminuyéndola, dependiendo del sitio y el momento histórico. Algunas veces estos cambios han sido sostenibles, y otras no. Actualmente, los regímenes de incendios están muy alterados por la actividad humana, y en algunos ecosistemas están fuera del rango de sostenibilidad, pero el grado de desviación respecto al régimen sostenible varía en gran manera (tabla 2). En el capítulo 5 abordaremos estas perturbaciones del régimen de incendios.

TABLA 2

Efecto de las actividades humanas en los regímenes de incendios de los principales ecosistemas.

ECOSISTEMA	EFECTOS DE LA ACTIVIDAD HUMANA
Selvas lluviosas	La deforestación y la agricultura itinerante conllevan el incremento de incendios y la destrucción de las selvas. El calentamiento global acentúa este proceso.
Bosques boreales	El calentamiento global incrementa la frecuencia y tamaño de incendios de elevada intensidad.
Sabanas tropicales	En algunas zonas el pastoreo reduce incendios e incrementa la vegetación leñosa; en otras, las plantas invasoras modifican la cantidad y distribución de combustible. Se modifica la estacionalidad, adelantándose a épocas secas (sin necesidad de rayos).
Bosques estacionales montanos	La supresión de incendios conlleva incendios de copa poco frecuentes pero de elevada intensidad, mucho más destructivos.
Ecosistemas mediterráneos	La elevada densidad de población incrementa las igniciones y la frecuencia de incendios. En algunas zonas, la elevada recurrencia de incendios facilita la entrada de especies invasoras.
Desiertos	Incremento de incendios en zonas con introducción de invasoras inflamables.
Turberas	El drenaje y desecación aumenta la frecuencia y duración de los incendios. Generan elevadas emisiones de CO_2 a la atmósfera.

PARA UNA DESCRIPCIÓN DEL RÉGIMEN DE INCENDIOS NATURAL VÉASE LA TABLA 1.

CAPÍTULO 3

¿Cómo sobreviven las plantas a los incendios?

El fuego ejerce un impacto muy fuerte en las plantas. Quizá sea el proceso natural de mayor impacto que afecta a las poblaciones de plantas (comparado con tormentas, huracanes, herbívoros, sequías, etc.), ya que puede destruir la mayoría de los tejidos aéreos de gran cantidad de plantas en muy poco tiempo. Las plantas que viven en ambientes con incendios frecuentes han adquirido a lo largo de la evolución una serie de rasgos que les permiten persistir (es decir, sobrevivir y reproducirse) en esos ambientes con incendios recurrentes; esos rasgos, por lo tanto, tienen un valor adaptativo (capítulo 4). Los principales rasgos están relacionados con la supervivencia de los individuos (la capacidad de rebrotar y la presencia de cortezas muy gruesas), con el reclutamiento posfuego (la serotinia, la germinación estimulada por calor o por humo y la floración posfuego) y con la inflamabilidad.

El rebrote

La capacidad de rebrotar después de que la planta ha sido completamente afectada por una perturbación define lo que llamamos plantas rebrotadoras, y es una característica fundamental para la persistencia en ambientes con incendios frecuentes. El rebrote consiste en la aparición de nuevos tallos a partir de yemas protegidas, a menudo durmientes (inactivas). Este rasgo confiere persistencia no solo a las poblaciones, sino también a los individuos, ya que una parte de la planta (típicamente la subterránea) no muere (figura A7). El rebrote se puede dar desde yemas situadas en diferentes órganos de las plantas; los principales órganos a partir de los cuales se da el rebrote son los siguientes:

- El tronco o copa (rebrote epicórmico): algunos árboles tienen la capacidad de rebrotar desde yemas situadas en el tronco o la copa, de manera que la regeneración de la copa es muy rápida. Como ejemplo de árboles con rebrote epicórmico podemos mencionar algunas especies de *Quercus* (*Q. agrifolia* en California, y *Q. suber* [alcornoque] en el oeste de la cuenca mediterránea), el pino canario (*Pinus canariensis*) y muchas especies de eucaliptos. En general, está ligado a tener cortezas gruesas que protegen las yemas (*Quercus*) o tener las yemas más hundidas en el tronco que la mayoría de las especies (eucaliptos). Las sabanas neotropicales de Brasil (el Cerrado) son un punto caliente de diversidad de especies con cortezas gruesas y rebrote epicórmico.
- El cuello de la raíz: rebrote a partir de yemas situadas en la zona de transición entre el tallo y la raíz, sin que exista una estructura especializada para ello. Es un sistema de rebrote común.
- El lignotubérculo: engrosamiento basal y de origen ontogenético (aparece ya en plantas jóvenes) especializado en la acumulación de yemas y sustancias de reserva (por ejemplo, almidón). Es común en algunas especies leñosas, como en muchos brezos mediterráneos (*Erica*), en el madroño (*Arbutus unedo*) y en algunos eucaliptos australianos, entre otros muchos ejemplos.
- El xilopodio: similar a los lignotubérculos, pero en general no tiene sustancias de reserva. Es común en plantas

sufruticosas (es decir, plantas con base leñosa y parte aérea herbácea) de las sabanas tropicales.

- El rizoma: yemas situadas en los rizomas (tallos subterráneos horizontales) y, por lo tanto, protegidas por el suelo. Es común en plantas herbáceas, pero también en algunas leñosas (rizoma leñoso o *sóbole*).
- La raíz: yemas situadas en la raíz, también protegidas por el suelo.
- El ápice: rebrote a partir de la yema apical del tallo. No aparecen nuevos tallos a partir de yemas durmientes, sino que la yema apical no se ve afectada gracias a la protección ejercida por las bases foliares y continúa creciendo. Por lo tanto, no es un rebrote típico, sino un brote que no se ha afectado. Es típico de las palmeras y otras monocotiledonias arborescentes.
- Órganos subterráneos: rebrote a partir de los bulbos, cormos o tubérculos subterráneos en herbáceas geófitas. Son ejemplo muchas liliáceas, amarilidáceas y orquídeas.
- La base de las hojas: en monocotiledonias (por ejemplo, en gramíneas) perennes, la elongación de la hoja se hace desde la base de esta, y, por lo tanto, en la base está el tejido más joven. De esta forma, si los incendios (u otras perturbaciones, como el pastoreo) no destruyen toda la hoja, esta puede regenerarse a partir de la base.

Las especies leñosas rebrotadoras, ya desde el estadio de plántulas, empiezan a acumular sustancias de reserva (sobre todo almidón) especialmente en las raíces (figura 7). De esta forma, dichas especies invierten más recursos desde el inicio en estructuras subterráneas que las especies no rebrotadoras, que invierten menos en raíces y más en la parte aérea (en crecer). En consecuencia, existe una tendencia a que las plántulas y plantones de especies rebrotadoras crezcan en altura más lentamente que en especies no rebrotadoras (capítulo 4). No obstante, en condiciones posfuego, las especies rebrotadoras crecen mucho más rápido que las no rebrotadoras debido a que las primeras ya tienen un sistema radicular bien formado (no empiezan de cero); las no rebrotadoras tienen que germinar y desarrollarse a partir de semillas.

FIGURA 7

Relación entre la capacidad de rebrotar y la disponibilidad de reservas. Izquierda: concentración de nitrógeno (N), fósforo (P), potasio (K) y almidón (mg/g) en el lignotubérculo del madroño (*Arbutus unedo*) en plantas control (sin ningún tratamiento; barras grises) y en plantas cortadas experimentalmente ocho veces seguidas (barras blancas); se observa como el rebrote consume nutrientes y en especial almidón. Derecha: probabilidad de rebrote (y por tanto, supervivencia) un año después de una perturbación en el lino blanco (*Linum suffruticosum*) dependiendo de la concentración de almidón en las raíces previa a la perturbación.

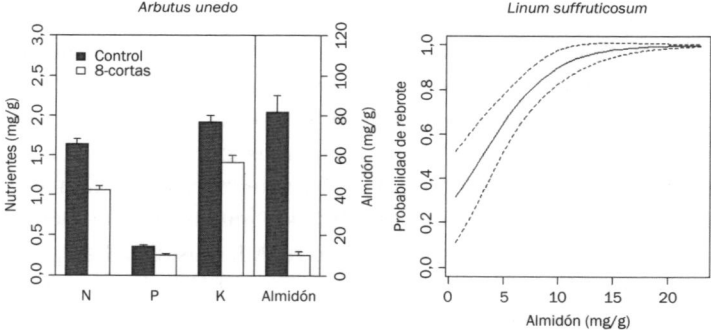

La capacidad de rebrotar no es un rasgo exclusivo de los ecosistemas con incendios recurrentes, sino que se observa incluso en muchas especies que viven en comunidades que raramente arden (por ejemplo, selvas tropicales lluviosas, ecosistemas templados fríos, zonas desérticas, etc.). Además, es un aspecto muy ancestral que se observa en muchas especies antiguas (por ejemplo, en helechos y coníferas primitivas), aunque en algunos casos se haya adquirido secundariamente en especies que viven en ambientes con incendios recurrentes (como en algunos pinos). La creencia tradicional de que los incendios eran un factor relativamente nuevo, junto con la omnipresencia de la capacidad de rebrote, ha contribuido a considerar al rebrote no como una adaptación al fuego, sino como una adaptación a otras (y diversas) perturbaciones frecuentes durante la historia (fuertes vientos, herbivoría, sequías). Sin embargo, el conocimiento actual de la larga historia de incendios en la Tierra (capítulo 2) sugiere que el fuego también ha contribuido a moldear el rebrote en muchos linajes. De hecho, la capacidad de rebrotar es un rasgo bastante complejo, ya que hay diferentes mecanismos y distintas localizaciones de las yemas, y cada tipo puede tener diferente origen y estar relacionado con varias presiones de selección. En algunas especies la capacidad de rebrotar puede estar relacionada con la presencia de vientos recurrentes o con la capacidad de colonizar espacios abiertos (por ejemplo, plantas con rizoma). Pero hay algunos tipos de rebrote en que no hay duda que su origen está relacionado con los incendios. Por ejemplo, algunas especies rebrotan a partir de yemas hundidas o protegidas por cortezas muy gruesas; no hay duda de que la selección de este rasgo está relacionado con la protección frente a las elevadas temperaturas producidas por los incendios. Los lignotubérculos son estructuras casi exclusivas de especies de ambientes sometidos a incendios recurrentes (sabanas, ecosistemas mediterráneos). Además, muchas plantas rebrotadoras almacenan grandes cantidades de sustancias de reserva en las raíces para regenerar rápidamente la biomasa aérea; esto supone un gran coste para las plantas que parece innecesario, al menos en plantas leñosas, simplemente como una adaptación a la herbivoría (que solo afecta a una parte del tejido fotosintético).

Un caso curioso es el de Chile, donde hay muchas especies con capacidad de rebrote, incluso especies con estructuras especializadas para el rebrote como lignotubérculos o xilopodios, y los incendios son históricamente muy poco frecuentes en la zona de clima mediterráneo. La falta de incendios naturales se explica como consecuencia de la ausencia de rayos durante el verano a causa del efecto "sombra" que ejercen los Andes al bloquear las tormentas estivales. Por lo tanto, la presencia de estructuras especializadas para el rebrote en

Chile parece ser un anacronismo evolutivo de la época anterior al levantamiento de los Andes, cuando los incendios serían más relevantes. Así pues, es cierto que el rebrote no se puede asumir como una adaptación a los incendios en todas las especies que lo poseen, pero no hay duda de que ciertos tipos de rebrote, y en algunos linajes, son producto principalmente de una historia evolutiva con incendios recurrentes.

El rebrote a menudo se considera un rasgo binario, es decir, hay especies que rebrotan y otras que no. Aunque esto es bastante acertado, especialmente en ecosistemas mediterráneos, existe cierta variabilidad en la capacidad de rebrotar. Esta variabilidad puede encontrase tanto entre poblaciones o variedades de la misma especie (poblaciones rebrotadoras y poblaciones no rebrotadoras) como dentro de una población (no todos los individuos rebrotan; figura 7). Por ejemplo, se ha observado que *Erica coccinea* (y otras especies de este género en Sudáfrica), *Banksia marginata* (en Australia) y algunas especies de manzanitas (*Archtostaphylos*, en California) tienen tanto poblaciones rebrotadoras con lignotubérculo como poblaciones sin capacidad de rebrote (sin lignotubérculo). En algunos casos parece que se pueden considerar subespecies diferentes. También hay especies poco rebrotadoras, de manera que rebrotarán o no dependiendo de los recursos acumulados (cantidad de almidón) o de la intensidad del fuego y, por lo tanto, podemos encontrar en una zona determinada que solo rebrota un porcentaje de los individuos (figura 7, derecha). Incluso en algunas buenas rebrotadoras, si el fuego es muy intenso, puede afectar a su capacidad para rebrotar. Algunas plantas pueden empezar a rebrotar después del incendio, pero morir durante el primer año posfuego si las condiciones no son apropiadas (por ejemplo, una fuerte sequía posincendio). En otras ocasiones, algunas plantas, a pesar de rebrotar después del fuego, se ven debilitadas por el fuego, y son más propensas a enfermedades, lo que les puede llevar a morir al cabo de varios años después del fuego. En algunas especies la capacidad de rebrotar se pierde con la edad o el tamaño (por senescencia). Estos ejemplos apoyan que si bien el rebrote se puede considerar como un rasgo binario para muchas especies, puede existir cierta variabilidad entre individuos. Y esta variabilidad es mayor en zonas con incendios poco intensos (por ejemplo, sabanas) que en zonas con incendios intensos (ecosistemas mediterráneos), dado que en estos últimos se ha seleccionado especialmente plantas con elevada capacidad de rebrote.

La capacidad de rebrotar se puede medir cualitativamente (especies con o sin capacidad de rebrotar) a partir de observaciones de campo un año después de un incendio. Una medida más cuantitativa consiste en contar el porcentaje de individuos que rebrotan; aunque parece fácil, es necesario saber el número de individuos que no rebrotan, y eso no es siempre evidente después de un incendio. Las quemas experimentales y quemas prescritas pueden ayudarnos a ello, ya que nos permiten marcar los individuos antes de la quema y observar posteriormente la respuesta. La magnitud o potencia del rebrote se puede cuantificar con el número de tallos que salen (indicador del tamaño del banco de yemas) y con el tamaño de estos, o con la biomasa total rebrotada.

El reclutamiento posfuego (I): banco de semillas en el suelo

La capacidad de reclutar nuevos individuos después de un fuego es otra característica que confiere persistencia a las poblaciones en ambientes con incendios recurrentes; las especies que poseen esta característica son denominadas especies *reclutadoras* (o germinadoras) *posfuego*. Esta estrategia es muy común en ambientes mediterráneos y bosques templados cálidos, pero mucho menos en otros ecosistemas. Aunque muchas de estas plantas producen semillas cada año, la mayoría no germina inmediatamente, sino que se acumulan en un banco de semillas en el suelo. Estas semillas no solo resisten al calor del fuego, sino que el fuego rompe su dormición y así pueden germinar con las primeras lluvias tras el paso del fuego (germinación estimulada por el fuego), dando lugar a los nuevos individuos. Es decir, las especies reclutadoras han evolucionado para ser sensibles al paso del fuego y, así, germinar cuando las condiciones son ideales para el establecimiento (poca competición y alta disponibilidad de recursos en condiciones posfuego). De hecho, el fuego puede romper la dormición y estimular la germinación mediante dos mecanismos:

1. En muchas especies, el calor del fuego es el responsable de romper la dormición (germinación estimulada por el calor; figura 8, izquierda). Se da principalmente en especies con semillas duras e impermeables al agua, como en la mayoría de las leguminosas y cistáceas (por ejemplo, las jaras; *Cistus*). En California es típico de los *Ceanothus* (arbustos, algunos de ellos conocidos como lirios de California; ramnácea), las manzanitas (*Arctostaphylos*; ericácea) y el famoso *chamise* (*Adenostoma fasciculatum*; rosácea). En algunos casos, las elevadas temperaturas de verano en el suelo desnudo (claros en la vegetación) también pueden estimular la germinación de un pequeño porcentaje del banco de semillas; pero, sin una perturbación, el futuro de esas plántulas es muy incierto dada la falta de espacio y recursos. De hecho, también se han observado experimentalmente casos en que un largo periodo de calor intenso de verano disminuye la germinación posincendio (a final de verano). Son las altas temperaturas de los incendios en pleno verano las que rompen la dormición de la mayoría de las semillas del banco y estimulan, en gran manera, la germinación. Dada la elevada disponibilidad de espacio y recursos en condiciones posfuego, esa estimulación de la germinación implica un gran pulso de reclutamiento.

2. En algunas especies, los productos químicos resultantes de la combustión durante el incendio son las que rompen la dormición y estimulan la germinación de las semillas del banco del suelo o el crecimiento de

las plántulas. Se da principalmente en especies con semillas permeables al agua, como, por ejemplo, en muchas especies de labiadas (figura 8, derecha). Estos productos químicos de la combustión se encuentran tanto en el humo como en el carbón vegetal, aunque, para simplificar, a menudo hablamos de especies con *germinación estimulada por humo* para referirnos a esta estimulación química. De la inmensidad de compuestos que hay en el humo, hasta el momento se han aislado muy pocos que realmente rompan la dormición y estimulen la germinación (por ejemplo, derivados del butenolide y de la cianohidrina, y óxidos de nitrógeno). Para que la germinación estimulada por humo sea considerada adaptativa en ambientes con incendios, las semillas también deben soportar el calor de los incendios, ya que, como la mayoría de las semillas se localiza en el suelo a poca profundidad, en condiciones naturales las semillas reciben tanto humo como elevadas temperaturas.

Aunque existe una tendencia a que las especies germinen con calor o con humo, según el tipo de semillas (con dormición física o fisiológica, respectivamente), también hay especies que responden a los dos factores, si bien normalmente uno es preponderante. Además, a veces se da una interacción entre el humo y el calor; por ejemplo, hay especies que germinan mejor con humo, una vez rota la dormición con calor.

En general, las especies reclutadoras posfuego requieren del paso del fuego para una masiva germinación. Por ejemplo, en algunos ecosistemas mediterráneos hay una abundante flora de especies anuales que casi solo se observan justo después de un incendio, y permanecen en el banco del suelo durante años hasta el próximo incendio. Otras muchas especies tienen capacidad de reclutar con y sin fuego, ya que puede haber cierta heterogeneidad en el banco de semillas (por ejemplo, algunas semillas sin dormición). Pero este reclutamiento independiente del fuego suele ser muy tímido y solo en claros de la vegetación. Por tanto, a largo plazo la relevancia del reclutamiento en pequeños claros suele ser mucho menor que el reclutamiento masivo y extenso que se da después de un incendio.

FIGURA 8
Ejemplos experimentales de germinación estimulada por el fuego. Proporción de semillas germinadas en el jaguarzo (*Cistus monspeliensis*; izquierda) sin ningún tratamiento (control) y en semillas sometidas durante 5 minutos a 100 y a 120 °C (germinación estimulada por calor), y en el cantueso (*Lavandula stoechas*; derecha) sin ningún tratamiento (control) y en semillas sometidas a un tratamiento de humo (germinación estimulada por humo).

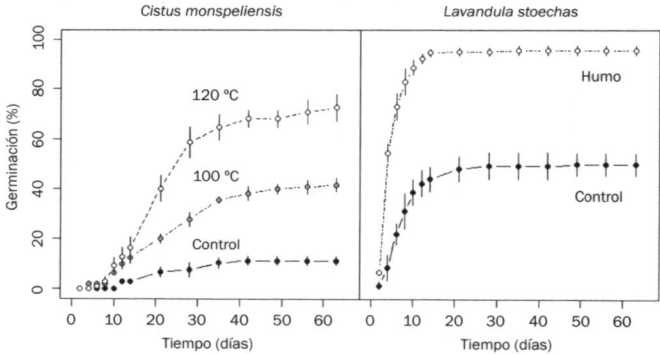

En especies reclutadoras, gracias a la estimulación de la germinación por el fuego, las poblaciones se restablecen rápidamente en los espacios abiertos generados por los incendios, y aumentan el tamaño poblacional respecto a las condiciones previas al incendio. El hecho de que incremente la población con incendios recurrentes hace que, a menud,o se las llame plantas *pirófitas* (favorecidas por el fuego). Debido a que los individuos que se queman se ven favorecidos (dejan más descendencia), muchas especies han adquirido características que les confieren elevada inflamabilidad. De hecho, comparando entre especies, existe una tendencia a que las especies reclutadoras sean más inflamables que las que no reclutan después de incendios.

Esta capacidad de reclutar rápida y prolíficamente nuevos individuos después de un incendio es casi exclusiva de los ecosistemas mediterráneos, y no hay duda de que se ha adquirido gracias a la presión de selección generada por fuegos recurrentes. Además, el hecho de que sean plantas poco longevas y que rápidamente produzcan descendencia les confiere una gran capacidad para adquirir nuevos rasgos y, por lo tanto, adaptarse y diversificar, lo que ayuda a explicar que muchos de los puntos calientes de biodiversidad del mundo sean zonas con incendios frecuentes. En la cuenca mediterránea, la diversificación de muchos linajes de especies reclutadoras puede estar ciertamente ligada a los fuegos recurrentes, como podría ser el caso de las cistáceas y de algunos linajes de leguminosas y labiadas, entre otras. Esta relación entre diversidad e incendios es aún más evidente en otras zonas de clima mediterráneo, como en las de Sudáfrica o de Australia.

Observaciones de campo después de incendios nos pueden informar de la capacidad de las especies de reclutar después del paso del fuego. En algunas el efecto es tan espectacular que se observa un reclutamiento masivo y generalizado después del fuego. Pero, para entender mejor la magnitud de la estimulación y poder comparar entre diferentes especies o localidades, es conveniente realizar experimentos en laboratorio. Estos también nos permiten simular las condiciones durante incendios de diferente intensidad. Se realizan poniendo a germinar semillas en condiciones control (sin ningún tratamiento relacionado con el fuego) y semillas que han sido sometidas a diferentes tratamientos de calor o de humo. Los experimentos de calor se suelen llevar a cabo en hornos con regulación de temperatura, y exponiendo las semillas a diferentes temperaturas (por ejemplo, 60, 80, 100, 120, 150 °C) durante distintos tiempos de exposición (por ejemplo, 1, 5, 10 minutos; figura 8). Para estudiar el papel de los compuestos químicos producto de la combustión en la germinación existen diferentes metodologías, como, por ejemplo, someter a las semillas a una solución acuosa de humo o aplicar directamente el humo en aerosol. En general, para producir el humo se utiliza hojas de la vegetación dominante de donde vive la especie a estudiar, aunque la especie concreta utilizada para producir el humo suele ser poco relevante, puesto que al menos algunos de los compuestos principales que estimulan la germinación parecen ser muy generales, relacionados con la degradación de la celulosa. Es interesante también hacer tratamientos con calor y humo en las mismas semillas, pues en la naturaleza estos dos factores se dan simultáneamente y, como hemos comentado, en algunos casos hay interacción entre los dos (el humo puede acelerar la germinación de las semillas una vez rota la dormición por el calor). Se considera que hay una estimulación de la germinación por el fuego si la germinación de las semillas tratadas (calor o humo) es significativamente mayor que la de las semillas control (figura 8).

El reclutamiento posfuego (II): serotinia

Las especies serótinas son aquellas que forman un banco de semillas aéreo, de manera que el calor del fuego estimula la dispersión de las semillas. Estas especies, aunque producen semillas cada año, no las liberan anualmente, sino que las van acumulando en la copa (al menos una parte de la producción anual), encerradas en estructuras leñosas llamados frutos o conos serótinos (figura A8). El calor del fuego abre las estructuras serótinas y permite la dispersión de las semillas. Estas semillas no tienen dormición y germinan con las primeras lluvias después de ser dispersadas. La serotinia (o el serotinismo) se da en árboles y arbustos que viven en ecosistemas con incendios de copa; es común en Sudáfrica y Australia, y más raro en el hemisferio norte, donde es casi exclusivo de los pinos y algunas otras coníferas (por ejemplo, algunos *Cupressus*, *Tetraclinis*, *Sequoiadendron*). En las especies serótinas no todos los conos tienen por qué ser serótinos, ni los conos serótinos permanecen cerrados toda la vida de la planta. Es decir, hay diferentes grados de serotinia, dependiendo del porcentaje de conos serótinos de la planta y del número de años durante los cuales se mantienen cerrados. Esta variabilidad en la serotinia se debe a que tiene un coste de mantenimiento (mantener los conos y las semillas vivas); además, existe una cierta pérdida de viabilidad de las semillas con el tiempo trascurrido en las piñas. El número de años que los frutos o conos se mantienen cerrados suele ser bajo en especies sudafricanas (dos o tres años), mientras que en muchas especies australianas puede ser de más de 10 años. En los pinos y otras coníferas es muy variable dependiendo de la especie y las condiciones, pero abarca desde pocos años hasta más de 20 (aunque estos valores elevados se dan en un porcentaje pequeño de árboles).

La serotinia constituye uno de los ejemplos más claros de adaptación al fuego, ya que es exclusiva de ambientes con incendios recurrentes y su origen es difícil de explicar como respuesta a otras presiones de selección. Sin embargo, hay que tener en cuenta que si los incendios son muy frecuentes, con un intervalo entre fuegos más corto que el periodo necesario para que se produzca suficiente cantidad de conos serótinos, estas especies serán incapaces de reproducirse (riesgo de inmadurez; capítulo 5). Por el contrario, si los incendios son demasiado poco frecuentes, los conos pueden acabar abriéndose espontáneamente, pero el reclutamiento será muy bajo (sin incendio hay poco espacio y elevada competencia para el reclutamiento) y los individuos pueden acabar muriendo sin dejar apenas descendencia (riesgo de senescencia; capítulo 5). Por tanto, este es un ejemplo claro de que las especies no están adaptadas al fuego *per se*, sino a un régimen de fuegos determinado. Las especies serótinas están adaptadas a incendios de copa con intervalos entre incendios mayores a la edad de maduración y menores a la edad de senescencia. Esta característica constituye una cierta desventaja frente a las especies que acumulan banco de semillas en el suelo, ya que este puede perdurar después de que la planta haya muerto. La serotinia, sin embargo, parece ser eficiente como estrategia reclutadora en zonas con suelos pobres en nutrientes. Es decir, las condiciones de baja fertilidad conllevan la producción de pocas semillas, y la serotinia podría ser una estrategia útil para la protección contra la depredación hasta el momento en que el suelo ya está preparado para la germinación (después del fuego). El elevado número de semillas producidas en especies que viven en suelos fértiles podría hacer pensar que las ventajas de tener un banco de semillas longevo en el suelo compensen a las perdidas por depredación de semillas. Sin embargo, estos balances aún no han sido estudiados con detalle.

La floración posfuego

La floración estimulada por el fuego es una característica relativamente poco estudiada. Se ha observado especialmente en Australia y Sudáfrica, aunque se presenta en mayor o menor medida en muchos ecosistemas con incendios frecuentes, como en sabanas y ecosistemas mediterráneos (figura A9). Algunas especies florecen y fructifican casi exclusivamente después del paso de fuego (obligadas); en otros casos, la floración es reducida sin fuego, pero muy abundante después del fuego (facultativas). La floración posfuego se puede dar a los pocos días del fuego, o en el siguiente año, dependiendo de las especies; en algunos casos se han observado dos años consecutivos de elevada floración tras un incendio. La floración estimulada por el fuego se da en especies que rebrotan y, más raramente, en especies que no se afectan por el fuego (árboles de zonas con incendios de superficie). La mayoría de las plantas con floración estimulada por fuego son herbáceas monocotiledóneas y geófitas, especialmente orquídeas, iridáceas y amarilidáceas; también se observa en algunas gramíneas y ciperáceas, y en algunas especies palmeriformes (xantoroeáceas, cicadáceas). Esta característica es rara en arbustos leñosos (algunas proteáceas y mirtáceas). El mecanismo de estimulación es poco conocido y seguramente diverso según las especies. Hay evidencias de que el humo puede estimular la floración en algunas especies, pero no en otras. En varias también se han observado estimulación de la floración como respuesta a la pérdida de las hojas (defoliación), aunque esta genera una estimulación muy limitada comparada con el efecto del fuego.

Las ventajas que confiere este rasgo incluyen la baja competencia por polinizadores y la elevada disponibilidad de recursos (luz, nutrientes, agua, espacio) para el reclutamiento que se da después del incendio. Otra ventaja podría ser que la fructificación ocurre de manera sincronizada y masiva, hecho que podría llevar asociado el saciado de los depredadores de las semillas y así aumentar la posibilidad de reclutamiento efectivo; en este caso, constituiría una estrategia similar a la vecería que se da en muchos árboles (la alternancia de años de elevada producción de frutos con años sin producción). En general, estos procesos están poco estudiados.

La corteza gruesa

En ecosistemas donde los incendios son de baja intensidad, principalmente de superficie, dominan especies de árboles con una corteza muy gruesa que protege los tejidos vitales (meristemos, vasos conductores) del calor de los incendios. Se da en sabanas, en robledales sabanoides y en algunos bosques de coníferas tanto tropicales como de la montaña mediterránea. Se trata de ecosistemas donde pequeñas diferencias en el grosor de la corteza disminuyen la transferencia de calor a los tejidos vitales del árbol y aumentan su supervivencia frente al fuego, por lo que se seleccionan individuos con cortezas gruesas. En ecosistemas con incendios intensos, las pequeñas diferencias en el grosor de la corteza son irrelevantes y no incrementan la supervivencia, por lo tanto, las cortezas gruesas no se seleccionan. Se considera que cortezas mayores de 1,5 cm ya tienen capacidad de aislar el tronco de fuegos de superficie poco intensos, aunque un buen aislamiento se consigue con unos 3 cm de corteza. Las especies de pinos y *Quercus* (encinas y robles) que viven en zonas con incendios de superficie tienen cortezas en la base del tronco mucho más gruesas que las especies del mismo género que viven en zonas de incendios intensos de copa o en zonas sin incendios, donde la corteza gruesa no proporciona ningún beneficio. Incluso dentro de la misma especie, poblaciones en zonas con incendios de superficie tienden a presentar cortezas más gruesas. En el caso de sabanas con suelos pobres como en el Cerrado brasileño, los árboles tienen un crecimiento lento y pueden pasar gran parte de su vida por debajo de la altura de las llamas de los incendios de superficie. En estos casos, la corteza no solo es gruesa en la base del tronco, sino en toda la copa, incluso en plantas pequeñas. De esta manera, las ramas están bien protegidas y pueden generar rebrotes epicórmicos después del fuego. Existen algunos *Quercus* que también tienen cortezas muy gruesas en toda la copa y rebrote epicórmico, como el alcornoque (*Quercus suber*; oeste de la cuenca mediterránea; de la corteza se extrae el corcho comercial; figura A10) o la encina de California (*Quercus agrifolia*). Existen diversas especies con cortezas gruesas y suberificadas en linajes muy distantes entre ellos, y todas ellas viven en ambientes con fuegos frecuentes en diversas partes del mundo (por ejemplo, Brasil, México, Australia, África, cuenca mediterránea). Se trata de un caso claro de convergencia evolutiva (figura A10).

En los bosques tropicales húmedos los incendios no son históricamente frecuentes, y los árboles que viven en esos ambientes no presentan cortezas gruesas. Cuando ocurre algún incendio, debido a la elevada humedad, suelen ser de superficie y de muy baja intensidad, y muchos árboles, aunque sus cortezas sean finas, los resisten. Sin embargo, ese fuego puede generar claros que disminuyen la humedad del bosque y favorecen el crecimiento de herbáceas inflamables. En esas condiciones, si se da un segundo incendio a corto plazo (antes de que se haya cerrado el bosque), este será de más intensidad que el primero y, a pesar de ser de superficie, puede afectar muy negativamente a los árboles debido a sus finas cortezas (incendio de baja intensidad y alta severidad). Este proceso está ocurriendo actualmente en muchas selvas, en las que la tala abre el dosel del bosque reduciendo la humedad (e incrementando la temperatura y el viento) y, además, favorece las igniciones antrópicas.

Medir la corteza en árboles es relativamente sencillo, pelando una parte del tronco o clavando la punta de una navaja y midiendo la parte que penetra con facilidad. Existen también herramientas forestales profesionales para ello. Dado que el grosor de la corteza depende del diámetro del árbol, es conveniente medir también este y hacer las comparaciones teniendo en cuenta la relación alométrica entre el diámetro y el grosor de corteza. Se suele medir en diversos puntos alrededor del tronco, ya que a veces puede haber cierta variabilidad o rugosidades; normalmente se mide a la altura del pecho (aproximadamente a 1,30 cm), aunque a menudo es interesante medirlo más cerca del suelo, porque es donde afecta más el fuego de los incendios de superficie y donde el engrosamiento suele ser más acusado. En árboles de poca altura o que ramifican desde bastante abajo, también es más apropiado medirlo cerca de la base.

La inflamabilidad

La inflamabilidad de la vegetación depende, en gran medida, de las condiciones ambientales (humedad). Pero, además, las plantas pueden tener algunos rasgos que les proporcionen mayor inflamabilidad, es decir, que las hagan más susceptibles de generar y propagar llamas y, por lo tanto, de quemarse. Algunas son características estructurales de la planta. Por ejemplo, la inflamabilidad de una planta es mayor cuanto mayor es la proporción de biomasa fina (hojas y ramas de <6 mm de diámetro) o de biomasa muerta. Un ejemplo típico de planta con elevada inflamabilidad lo representa la aulaga mediterránea (*Ulex parviflorus*), porque la mayor parte de su biomasa es muy fina y, además, retiene las ramas muertas, las cuales pueden suponer más del 60% de la biomasa aérea de la planta (figura A11). La retención de ramas basales de algunos árboles también constituye un mecanismo para incrementar la inflamabilidad (por ejemplo, en algunos pinos). Las gramíneas suelen ser plantas muy inflamables porque su biomasa es muy fina; estas son a menudo las responsables de los incendios de superficie. También existen características químicas (compuestos orgánicos volátiles) que aumentan la inflamabilidad de las plantas, como, por ejemplo, las esencias, las resinas, y los terpenos. Las plantas de la familia de las labiadas tienen abundantes compuestos aromáticos inflamables, al igual que algunas jaras (*Cistus*) y que los eucaliptos. El caso de *Adenostoma fasciculatum* (el *chamise* del chaparral californiano) es también emblemático, puesto que tiene tanto una elevada biomasa fina como un elevado contenido en compuestos volátiles inflamables.

Se ha discutido mucho sobre el origen y el papel evolutivo de la inflamabilidad de las plantas. La elevada inflamabilidad genera mayores espacios abiertos alrededor de la planta después de un incendio, asegurando así la eliminación de los vecinos; si las semillas de la planta inflamable tienen germinación estimulada por el fuego, entonces hay un mayor reclutamiento de esta. Si los rasgos que incrementan la inflamabilidad y los de dormición y estimulación de la germinación son heredables, la descendencia de la planta quemada será más alta y esta descendencia también será más inflamable. Con sucesivos incendios (generaciones), la inflamabilidad y la capacidad de germinar con fuego pueden aumentar simultáneamente. El hecho de que, en general, las especies reclutadoras posfuego (con germinación estimulada por el fuego) sean más inflamables que las rebrotadoras apunta en esa dirección. Además, existen evidencias de que poblaciones de determinadas especies reclutadoras que viven en zonas con incendios recurrentes son más inflamables que poblaciones de la misma especie que viven en zonas sin incendios.

En bosques con incendios de superficie, la inflamabilidad de la hojarasca juega un papel clave en los ecosistemas. Muchas coníferas generan gran cantidad de hojarasca (pinocha) y el grosor de la capa de esta en el suelo puede limitar el establecimiento de las plántulas (la radícula no consigue llegar al suelo). Se considera que la inflamabilidad de muchas hojas de pino y otras coníferas puede estar relacionada con la generación de incendios de superficie que eliminan la hojarasca y facilitan el reclutamiento.

Aunque la elevada inflamabilidad no sea un rasgo directamente relacionado con la persistencia o la regeneración posfuego, ya hemos visto que tanto la inflamabilidad de las plantas como la de la hojarasca están de manera indirecta ligadas con la regeneración. Por tanto, se puede considerar que la elevada inflamabilidad constituye un rasgo adaptativo que favorece la persistencia de las poblaciones.

Hasta ahora hemos hablado de ejemplos de plantas que incrementan la inflamabilidad como estrategia para facilitar la descendencia. También hay plantas que tienen la estrategia de disminuir la inflamabilidad para aumentar su supervivencia. Es el caso de algunas plantas que viven en zonas con incendios de superficie (poco intensos), de modo que la baja inflamabilidad les permite sobrevivir. Por ejemplo, en algunas sabanas el fuego se propaga rápidamente por las herbáceas, y algunos arbustos leñosos pueden sobrevivir gracias a que tienen muy baja inflamabilidad (ramas gruesas con cortezas suberosas, hojas grandes y duras o troncos semisuculentos). Es decir, para una planta leñosa que vive en un ambiente muy inflamable (pastizal), es adaptativo tener baja inflamabilidad. El caso de los pinos es especialmente interesante. Algunos pinos propios de ecosistemas con incendios de superficie muestran una elevada capacidad de autopoda de las ramas situadas en la parte inferior de la copa, al contrario que los pinos que viven en sistemas con incendios de copa, que tienen tendencia a retener las ramas inferiores. La autopoda de las ramas genera una discontinuidad vertical en el combustible, lo que disminuye la inflamabilidad de la planta e impide que los fuegos de superficie alcancen la copa. Por el contrario, la retención de las ramas incrementa la inflamabilidad y asegura precisamente lo contrario, que el fuego llegue a las copas para que se abran las piñas serótinas y aumente el reclutamiento después del fuego. La autopoda de las ramas está positivamente relacionado con cortezas gruesas, y negativamente relacionada con la serotinia (tabla 3).

La inflamabilidad no es fácil de cuantificar. De hecho, la inflamabilidad no tiene una medida concreta, sino que hay diversos parámetros que sí son medibles y que están relacionados con la inflamabilidad de las plantas. Una medida de la inflamabilidad de una planta puede basarse en la distribución de la biomasa en ramas de distinto grosor o en la proporción de biomasa muerta en la planta. Cuanto mayor sea la proporción de biomasa fina o muerta, más inflamable es la planta. Conocer la cantidad y tipo de volátiles inflamables requiere de análisis químicos relativamente complicados (por ejemplo, cromatografía de gases y espectrometría de masas). Medidas más directas de la inflamabilidad se pueden obtener mediante experimentos de inflamabilidad (llamados también ensayos de ignición) en hojas, ramas u hojarasca. Estos experimentos consisten en someter una ramita o grupo de hojas (de peso y humedad conocidos) a una fuente de calor situada a una distancia fija. La fuente de calor puede ser una llama, pero a menudo se utiliza una fuente de calor eléctrica (epirradiador), y la muestra se sitúa encima de esta. El tiempo que tarda la rama en prenderse (iniciar una llama o ignitabilidad), la cantidad de biomasa que se consume (consumibilidad), el tiempo durante el cual la rama está ardiendo (sustentabilidad), la temperatura alcanzada y el calor desprendido (combustibilidad) constituyen medidas relacionadas con la inflamabilidad.

Las diferentes medidas relacionadas con la inflamabilidad no tienen por qué estar correlacionadas entre sí. Además, el uso de diversas medidas por diferentes investigadores ha generado cierta confusión. Por ejemplo, a veces se considera que una planta en la que el fuego se prende y propaga rápidamente es muy inflamable, aunque desprenda poco calor; otras veces se habla de plantas inflamables como aquellas que generan gran intensidad de calor, aunque la propagación del fuego sea más lenta. Por tanto, la inflamabilidad se ha de entender como un concepto general, pero, para hacer comparaciones, se debe escoger una variable indicadora concreta (por ejemplo, tiempo para prender, velocidad de propagación, temperatura alcanzada, etc.) según el proceso que se quiera reflejar.

A escala de comunidad, la inflamabilidad puede variar no solo con la inflamabilidad de cada especie, sino también con el tamaño de las plantas, así como con la densidad, distribución espacial y cobertura de cada especie. La inflamabilidad de las plantas suele ser mayor en etapas recientes de la sucesión, ya que son comunidades abiertas y dominan las especies de crecimiento rápido, y es menor en las especies de las etapas tardías de la sucesión (comunidades más cerradas). En cambio, la cantidad de biomasa suele aumentar a lo largo de la sucesión. De esta manera, en muchos casos, la máxima inflamabilidad de la comunidad y el máximo riesgo de incendios ocurren en situaciones intermedias de la sucesión, con especies de crecimiento relativamente rápido que acumulan bastante biomasa, a veces ya senescente. La presencia de individuos muertos también puede incrementar mucho la inflamabilidad a nivel de comunidad. Por ejemplo, en épocas de fuerte sequía aumenta la mortalidad de las plantas y, por tanto, la inflamabilidad y el riesgo de incendio; este hecho puede tener un efecto mayor en el ecosistema que el efecto directo de la sequía *per se*. De hecho, este es uno de los ejemplos en los que la modificación en el régimen de incendios, debido al cambio climático, puede ser más importante para los ecosistemas que el efecto directo del cambio de clima (la sequía).

Otros rasgos

Estado cespitoso. Hay algunas especies de pinos que viven en ecosistemas con incendios de superficie que, tras germinar, permanecen unos cuantos años (de 5 a 20) en el estrato herbáceo (estado cespitoso), sin crecer en altura. Durante ese periodo los individuos invierten todos los recursos en el sistema radicular y acumulan reservas, al tiempo que son muy poco inflamables y pueden rebrotar (capacidad que pierden en estado adulto). Después de mantenerse en estado cespitoso durante unos años, empiezan a crecer de manera súbita gracias a las sustancias de reserva acumuladas, y en dos o tres años ya son suficientemente altos para que la copa esté fuera del alcance de las llamas de los fuegos de superficie. Por lo tanto, el tener este estado cespitoso confiere mayor supervivencia en ecosistemas con fuegos de superficie. Esta característica está bien representada en diversas especies de pinos del continente americano y también en algunas especies de palmeras arbóreas tropicales que habitan en sabanas.

Autopoda. Algunas especies de árboles con crecimientos relativamente buenos enseguida desprenden las ramas inferiores. Esta autopoda genera una discontinuidad entre el sotobosque y la copa, y facilita que los incendios sean de superficie y no afecten a las copas. La autopoda es conocida especialmente en los pinos que viven en incendios de superficie. El rasgo opuesto es la retención de las ramas inferiores para incrementar la inflamabilidad de la planta. La autopoda suele estar asociada a cortezas gruesas, y la retención de ramas, a la serotinia (e incendios de copa).

Precocidad. Cuando el intervalo entre incendios es relativamente corto, las plantas reclutadoras que no rebrotan tienen el riesgo de no tener tiempo de producir semillas entre dos incendios (riesgo de inmadurez). Por ello, en plantas leñosas que viven en zonas con incendios de copa es adaptativo ser precoz, es decir, empezar a reproducirse pronto. La precocidad incrementa la probabilidad de reproducción en zonas con intervalos entre incendios cortos. Y, como veremos en el próximo capítulo, dentro de una misma especie, poblaciones viviendo en zonas con intervalos de fuego más cortos son más precoces (figura 9).

Yemas hundidas. En algunas especies, las yemas de los troncos, en lugar de estar protegidas por cortezas gruesas, están especialmente hundidas en el tallo y rodeadas de tejido protector de cortezas relativamente finas. Eso permite que las yemas estén resguardadas del calor de los incendios y rebrotar (epicórmicamente) después del fuego. Se da en muchas mirtáceas australianas (eucaliptos) y en especies de sabanas tropicales.

Eleosomas. Hay muchas plantas con germinación estimulada por el fuego cuyas semillas tienen *eleosomas*, es decir, estructuras compuestas de sustancias nutritivas (aceites) adheridas a la semilla. Estas estructuras tienen la función de atraer a las hormigas, que recogen las semillas y se las llevan al nido. Esto beneficia a la planta y facilita la dispersión de las semillas. Además, una vez enterrada en los nidos de las hormigas, la semilla se incorpora al banco del suelo y queda más protegida del calor directo del fuego. Por lo tanto, los eleosomas son adaptativos en plantas reclutadoras posfuego.

Retranslocación de nutrientes. Se ha observado que algunas especies rebrotadoras pueden tener la capacidad de retranslocar nutrientes a las raíces cuando se acerca el fuego. Esto favorece el ahorro de nutrientes y que rebroten mejor después del fuego. Estas plantas detectarían la cercanía del fuego mediante el humo. Actualmente se sabe muy poco de la relevancia y magnitud de este proceso.

CAPÍTULO 4

Estrategias y procesos evolutivos

Fuego y evolución

Tradicionalmente, los incendios eran considerados como un desastre ecológico. En la actualidad, sin embargo, está ampliamente aceptado que los incendios son procesos ecológicos que determinan la estructura y funcionamiento de muchos ecosistemas. También sabemos que los incendios han existido a lo largo de toda la historia evolutiva de las plantas terrestres (capítulo 2). En cambio, el hecho de que los incendios constituyen una presión de selección y que, por lo tanto, hayan moldeado las plantas y la biodiversidad ha sido discutido hasta muy recientemente. Muchos investigadores y libros de ecología y de evolución aún no mencionan el fuego como una presión de selección, sino simplemente como una perturbación. Ni Darwin ni Wallace, de los mejores naturalistas de nuestra historia, consideraron el fuego como una posible presión de selección, y nunca mencionaron adaptaciones de las plantas a los incendios. Y ello a pesar de que al menos Darwin visitó zonas con incendios frecuentes, y vio tanto incendios activos como paisajes llenos de marcas de incendios recientes en diversos lugares de Australia. En parte, esto refleja la dificultad que hasta ahora ha tenido la gente para entender el fuego como presión de selección. Sin embargo, en las últimas décadas se han obtenido multitud de evidencias tanto a escala micro como macroevolutivas del papel del fuego en la biodiversidad, y que revisaremos en este capítulo tras repasar algunos conceptos básicos.

Adaptaciones y exaptaciones

Como hemos visto en el capítulo anterior, hay diversos rasgos que confieren a las plantas un *valor adaptativo* en zonas con incendios frecuentes, porque les permiten incrementar la supervivencia o la descendencia bajo determinados regímenes de incendios. A veces se ha considerado que esos rasgos, a pesar de tener un valor adaptativo, no son realmente adaptaciones al fuego, sino que son *exaptaciones*, esto es, rasgos que aparecieron como respuesta a otra perturbación del pasado (fuertes vientos, herbivoría, sequía, etc.), pero que también son útiles en ambientes con incendios recurrentes. Este razonamiento se basaba en la asunción de que los incendios constituyen una perturbación reciente muy ligada a la presencia humana y por lo que las especies difícilmente podían haberse adaptado tan rápidamente. Sin embargo, ahora sabemos que los incendios son muy antiguos y han estado presentes durante la evolución de las plantas (capítulo 2). Por lo tanto, es de esperar que muchos de los rasgos que proporcionan un valor adaptativo al fuego se hayan generado por selección natural como respuesta a los incendios recurrentes. Además, hay rasgos que son casi exclusivos de zonas con incendios recurrentes, como la serotinia, la germinación fuertemente estimulada por el fuego, los lignotubérculos o las cortezas muy gruesas.

A menudo, para simplificar, cada uno de los rasgos de las plantas se considera como un rasgos simple, con frecuencia de tipo binario (presente/ausente). Funcionalmente, esta simplificación tiene bastante sentido, pero para entender los diferentes procesos evolutivos que han moldeado las especies y la biodiversidad es necesario discernir entre los diferentes tipos de rasgos. Por ejemplo, la capacidad de rebrotar se considera a menudo como un rasgo binario (especies rebrotadoras y especies no rebrotadoras), y para aspectos funcionales de la dinámica de la vegetación, así como de la gestión de la vegetación, puede ser muy útil. Pero, como hemos visto en el capítulo anterior, hay muchas clases de rebrote, a partir de yemas localizadas en diferentes órganos. Por lo tanto, distintos tipos de rebrotes pueden haber aparecido como respuesta a diversas presiones de selección, y diferentes linajes pueden haber adquirido o perdido la capacidad de rebrotar en distintos momentos de la historia. Por ejemplo, no hay duda que tanto el rebrote a partir de lignotubérculos como el epicórmico son rasgos que se han originado como respuesta al fuego.

La existencia real de adaptaciones no siempre es fácil de demostrar, y aún son escasos los estudios evolutivos relacionados con la ecología del fuego. Existen dos grandes aproximaciones al estudio de la evolución de rasgos, la aproximación *microevolutiva* y la *macroevolutiva*. La primera se basa en las observaciones de variaciones de rasgos en poblaciones de una misma especie que viven en ambientes con diferentes presiones de selección. La segunda se basa en comparar diferentes especies e inferir la evolución de los rasgos según filogenias (a escalas temporales de millones de años).

Microevolución

Existen evidencias de que distintos regímenes de incendios generan diferencias entre poblaciones de una misma especie en rasgos relacionados con el fuego. Por ejemplo, hay regímenes de incendios (especialmente en lo que hace referencia al intervalo entre incendios y su variabilidad temporal) que seleccionan diferentes niveles de serotinia en pinos, es decir, existen distintos óptimos de serotinia dependiendo del régimen de incendios. Después de un fuego, las plantas con más serotinia tienen más probabilidad de dejar descendencia, y como la serotinia es heredable, la población posfuego será más serótina que la prefuego. Como consecuencia, las poblaciones que viven en zonas con frecuentes incendios de copa

Imagen del 1 de agosto (verano) de la península ibérica mostrando la localización de los 15 134 rayos que se registraron durante 12 horas. Los diferentes colores indican diferentes periodos (intervalos de 2 horas), desde las 14:00 (azul oscuro, en la izquierda) a las 24:00 (rojo, derecha).

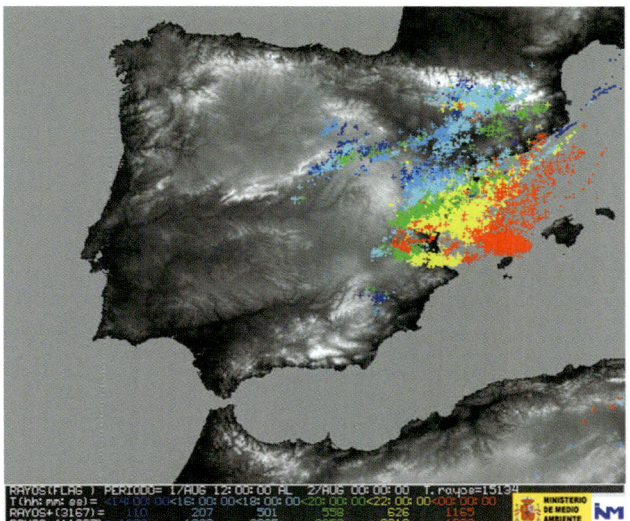

FUENTE: EXTRAÍDO DE LA WEB DE LA AGENCIA ESTATAL DE METEOROLOGÍA, ESPAÑA.

FIGURA **A2**

Distribución global de los rayos (número por km^2 y año) entre abril de 1995 y febrero de 2003.

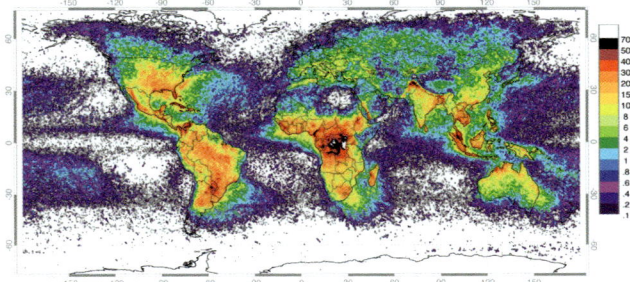

FUENTE: CORTESÍA DE LIGHTNING IMAGING SENSOR (LIS), INSTRUMENT TEAM Y GLOBAL HYDROLOGY RESOURCE CENTER (GHRC), DE LA NASA.

Cicatrices de incendios en el tronco de una conífera que sobrevivió a múltiples incendios de superficie en el oeste de Estados Unidos. Las flechas blancas señalan las cicatrices y los números corresponden a los años.

FOTOGRAFÍA: J. G. PAUSAS.

FIGURA **A4**

Ejemplo de un pinar con incendios de superficie (*Pinus nigra*, Valencia, España).

FOTOGRAFÍA: J. G. PAUSAS.

FIGURA **A5**

Incendio de copa en un matorral mediterráneo (Valencia, España).

FOTOGRAFÍA: J. G. PAUSAS.

Mapas de la actividad de incendios durante diez días de enero de
2011 y durante diez días de julio del mismo año. Los puntos rojos
indican la presencia de incendios y las zonas amarillas indican alta
densidad de incendios.

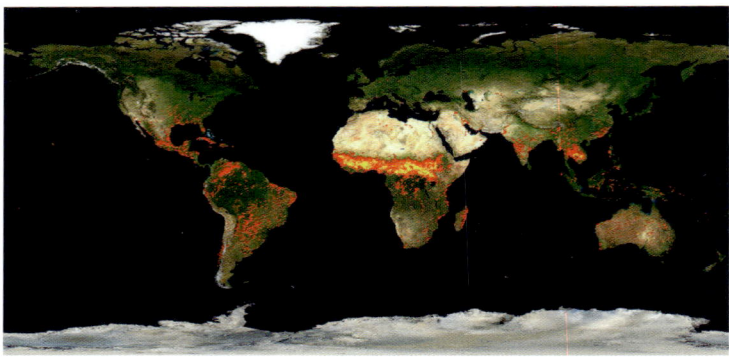

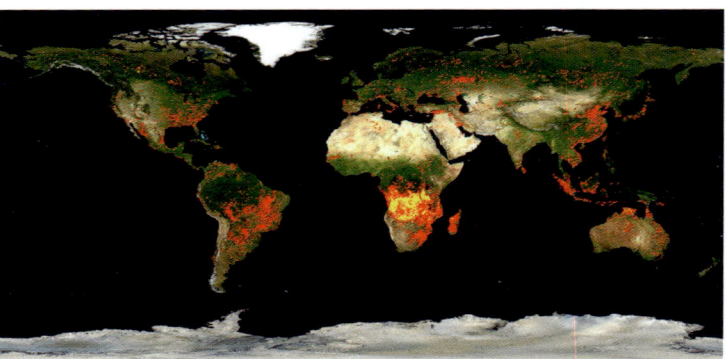

Fuente: Cortesía de FIRMS (Fire Information for Resource Management System), Universidad de
Maryland, EE UU.

Rebrote del brezo de invierno (*Erica multiflora*); al fondo se observan rebrotes de la pebrella en floración (*Thymus piperella*).

Fotografía: B. Moreira.

FIGURA **A8**

Piñas serótinas (*Pinus halepensis*,
pino carrasco; Valencia, España).

FOTOGRAFÍA: J. G. PAUSAS.

FIGURA **A9**

Floración masiva de *Narcissus assoanus*
siete meses después del incendio (L'Alcalatén, España).

FOTOGRAFÍA: J. G. PAUSAS.

Corteza gruesa y suberificada de *Quercus suber* (alcornoque,
Valencia, España; izquierda) y de *Myrcia bella* (Goiás, Brasil; derecha).
A pesar de su similitud, corresponden a especies de familias
muy diferentes (fagácea y mirtácea, respectivamente),
pero las dos viven en ambientes con incendios frecuentes.

Fotografía: J. G. Pausas.

FIGURA A11

La aulaga o aliaga (*Ulex parviflorus*, fabácea, Valencia, España) constituye un claro ejemplo de especie reclutadora obligada muy inflamable. Tiene una biomasa muy fina y acumula abundantes ramas secas.

FOTOGRAFÍA: J. G. PAUSAS.

tienen más serotinia que las poblaciones que raramente sufren este tipo de incendios, tal como se ha observado en algunos pinos (figura 9). Además, elevadas frecuencias (especialmente intervalos cortos entre fuegos) seleccionan individuos que se reproducen pronto (más precoces; figura 9) y, como veremos es el próximo capítulo, esto tiene implicaciones en la restauración.

Figura 9

Ejemplos de variabilidad intraespecífica en rasgos relacionados con el fuego. Izquierda: porcentaje de piñas serótinas en poblaciones de pino carrasco (*Pinus halepensis*) y de pino rodeno (*Pinus pinaster*) sometidas a incendios de copa frecuentes (Frec.) o infrecuentes (Infrec.). Derecha: probabilidad de madurez (precocidad) en poblaciones de pino carrasco (*Pinus halepensis*) sometidas a incendios de copa frecuentes o infrecuentes. Una cierta frecuencia de incendios de copa incrementa la serotinia y la precocidad.

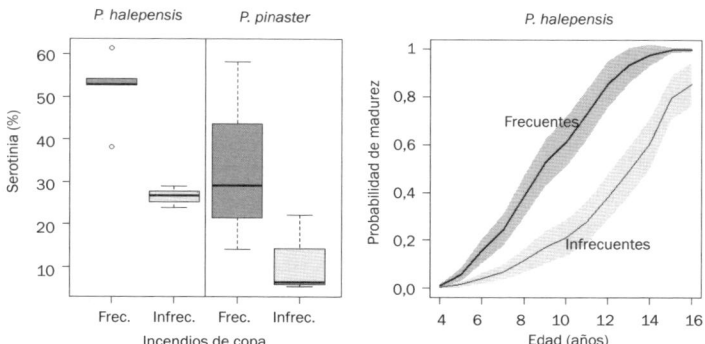

Una variabilidad similar también generada por incendios se ha observado entre poblaciones de una misma especie para otros rasgos. Por ejemplo, la sensibilidad de las semillas del brezo común (*Calluna vulgaris*) en romper la dormición con humo depende de la historia de incendios de la población. Brezales que se han quemado recurrentemente en el pasado germinan mejor con humo que los que no han sufrido quemas frecuentes. Igualmente, aliagas (*Ulex parviflorus*) en zonas con incendios frecuentes son más inflamables que las que viven en zonas que no han sufrido incendios de forma habitual. Es decir, las variaciones en el régimen de incendios generan variabilidad en las plantas y, por lo tanto, biodiversidad. En algunos casos, esta variabilidad entre poblaciones puede ser un inicio de especiación.

Macroevolución

Los avances en la biología molecular están actualmente facilitando la construcción de filogenias datadas que expresan las relaciones evolutivas entre las especies. A partir de estas y los rasgos de las especies, existen métodos estadísticos para realizar reconstrucciones ancestrales de los rasgos y, por lo tanto, datar su origen. Esto es importante porque nos informa sobre desde cuándo, y en qué momentos de la historia, el fuego ha sido una presión de selección suficientemente significativa como para generar adaptaciones y biodiversidad. Sabemos que en el planeta hay incendios desde el inicio de la colonización terrestre de las plantas, pero las filogenias nos informan no de la existencia de fuego, sino de regímenes de fuegos recurrentes que actúan como presión de selección.

Mediante estos métodos se ha podido constatar, por ejemplo, que la serotinia en el género *Banksia* (Australia) y el rebrote epicórmico en los *Eucalyptus* (Australia) tienen unos 60 millones de años (figura 10). O que la floración estimulada por el fuego en las orquídeas del género *Disa* (Sudáfrica) tiene unos 14 millones de años. Y que la serotinia y las cortezas gruesas en pinos son de aproximadamente hace 80 y 100 millones de años (figura 10). Todas estas nuevas evidencias filogenéticas apoyan no solo que los incendios sean procesos muy antiguos, sino que, además, generan adaptaciones y, por lo tanto, biodiversidad.

Figura 10

Edad de origen de seis rasgos (floración posfuego, rebrote epicórmico, lignotubérculo, serotinia, germinación estimulada por fuego y cortezas gruesas) en 17 linajes de diferentes zonas del mundo (derecha). La longitud de las barras refleja la incertidumbre del momento de origen. Los datos se han obtenido mediante filogenias.

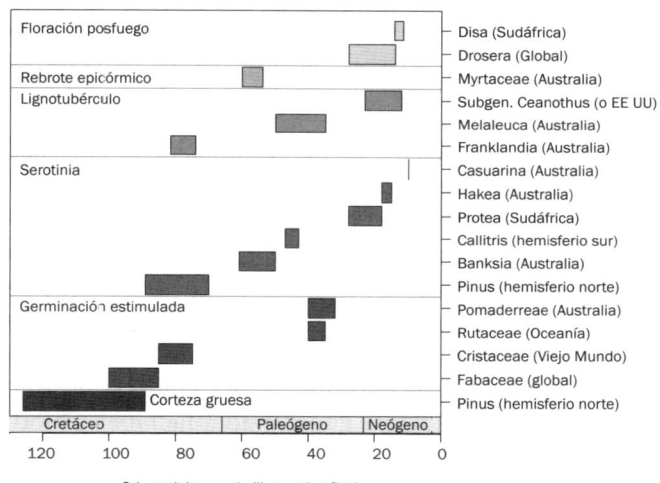

Diversificación

Una de las preguntas clásicas en la ecología es por qué razón zonas con elevada frecuencia de incendios son tan diversas en especies. De los puntos calientes de diversidad del planeta, muchos de ellos corresponden a zonas con incendios recurrentes, como California, la región del Cabo (Sudáfrica), el Cerrado brasileño, la cuenca mediterránea o el suroeste australiano. Estas zonas tienen una elevada diversidad y un alto porcentaje de plantas endémicas. Los estudios micro y macroevolutivos nos muestran que la recurrencia de fuegos implica la selección de una serie de rasgos necesarios para persistir a los incendios y, por lo tanto, origina especies y diversidad de la misma manera que otras presiones de selección lo hacen. Para una misma especie, las poblaciones con diferente régimen de incendios tienden a distinguirse en rasgos que les confieren persistencia a esos regímenes (figura 9). Esa divergencia de caracteres puede ser el inicio de la diferenciación entre especies, y es una fuente de biodiversidad. Por lo tanto, los incendios son una presión de selección que genera biodiversidad.

Pero, además, existen evidencias de que los incendios recurrentes incrementan más la diversidad que otras presiones de selección. Esto es especialmente relevante en el caso de las especies reclutadoras obligadas de los ambientes mediterráneos, es decir, en aquellas especies no rebrotadoras que tienen germinación posfuego a partir de un banco de semillas persistente (aéreo o subterráneo; capítulo 3). De hecho, entre los géneros de plantas leñosas más diversos que se conocen, gran parte son especies reclutadoras posfuego (por ejemplo, *Acacia*, *Erica*, *Grevillia*, *Hakea*, *Aspalatus*; todos estos géneros cuentan con más de un centenar de especies) y viven principalmente en las zonas mediterráneas de Australia y Sudáfrica. Las especies reclutadoras mueren después de verse afectadas por el fuego, de forma que los incendios acortan las generaciones. Por tanto, incendios recurrentes crean una dinámica poblacional muy rápida con generaciones relativamente cortas. En estas especies, el reclutamiento prácticamente se da solo una vez en la vida de la planta, después de un fuego, cuando además la planta muere (estrategia monocárpica o monopírica), por lo que no hay casi solapamiento entre generaciones. Estos dos hechos (tener generaciones cortas y no solapadas) determinan que la tasa de mutaciones y la selección de innovaciones sea muy elevada, lo que permite una rápida diversificación aprovechando así diferentes condiciones locales. Este proceso determinaría, por tanto, una elevada riqueza de especies y de endemismos locales.

El fuego como filtro en las comunidades vegetales

Tradicionalmente, las comunidades vegetales se han visto como el producto de las características ambientales (clima y suelo) y las interacciones entre especies (por ejemplo, competencia y facilitación). En ese contexto, el fuego es considerado como una perturbación que destruye las comunidades, aceptando que después de este muchas especies pueden regenerarse y así recuperar la comunidad. Ahora sabemos que el fuego no solo es un proceso que destruye, sino que es parte intrínseca de muchas comunidades y determina su estructura y composición, del mismo modo que lo hacen otros factores, como el clima, la fertilidad del suelo o la competencia. En los ecosistemas donde el fuego tiene un papel histórico importante, la composición de las comunidades no se puede explicar solo por las condiciones ambientales y las interacciones entre especies, sino que es necesario considerar la función del fuego —y, en concreto, el régimen de incendios— en el ensamblaje de comunidades (figura 11). En muchos casos, el papel del régimen de incendios es más importante que la interacción entre especies. Por ejemplo, una especie puede ser suprimida por competencia con otra superior, pero aquella puede tener un banco de semillas persistente, regenerar masivamente después del siguiente incendio y dejar mucha más descendencia que la especie que era competitivamente superior. El clima, el suelo y la estructura de la comunidad determinan la inflamabilidad de esta y, por lo tanto, el régimen de incendios. Las especies que tengan los rasgos necesarios para sobrevivir y reproducirse en ese régimen de incendios podrán formar parte de las comunidades, mientras que las especies que no tengan los rasgos necesarios pueden formar parte del acervo de especies regional, pero no del local, y quedarán relegadas a zonas que por sus características topográficas experimenten pocos incendios (roquedos, fondos de valle, humedales, etc.).

En condiciones ambientales estresantes (por ejemplo, ecosistemas secos, ecosistemas con nivel freático muy elevado, ecosistemas de alta montaña) las comunidades tienden a estar constituidas por especies que son relativamente semejantes en sus rasgos funcionales. Esto se debe a que hay algunos rasgos concretos que permiten la persistencia de las especies bajo tales condiciones y, por lo tanto, solo pueden vivir las especies que poseen esas características. Por ejemplo, no cualquier planta puede soportar un clima árido, de manera que, en la comunidad, se filtran solo las especies que tienen unos rasgos determinados para soportar la aridez, por lo que son especies funcionalmente (y morfológicamente) similares.

La abundancia de cactiformes en algunos desiertos, de plantas esclerófilas en los ecosistemas mediterráneos, de herbáceas altas con fotosíntesis C4 en algunas sabanas constituye claros ejemplos de comunidades dominadas por especies con atributos morfofuncionales similares, condicionadas por un estrés abiótico. Cuanto más fuerte sea el estrés, menos diversidad de estrategias pueden coexistir en el sistema, y más parecidas serán las especies que coexisten. Del mismo modo, para vivir y persistir en un sistema con fuegos recurrentes es necesario tener unos rasgos determinados (capítulo 3), y estos dependerán del régimen de incendios. Así, un régimen de incendios concreto puede generar una tendencia a conformar comunidades con plantas funcionalmente parecidas entre ellas, es decir, especies con rasgos que les confieren persistencia a ese régimen de incendios. Cuanto más relevante sea el papel del fuego en esa comunidad (por ejemplo, mayor frecuencia de incendios), más parecidas (morfológica y funcionalmente) serán las especies. Por ejemplo, en comunidades mediterráneas con una relativamente elevada frecuencia de incendios, hay una gran abundancia de arbustos con banco de semillas persistente al fuego que reclutan después de que se produzca; los arbustos no rebrotadores sin banco de semillas persistente difícilmente pueden vivir. Algunas sabanas, como, por ejemplo, las de Brasil, tienen una recurrencia muy alta de incendios de baja intensidad; en esas condiciones encontramos muchas especies arbustivas con cortezas extremadamente gruesas (figura A9), mientras que los arbustos con corteza fina vivirán con dificultad. En otras sabanas se observa una gran predominancia de herbáceas graminoides rebrotadoras con fotosíntensis C4. Es decir, el régimen de incendios limita (filtra) los posibles tipos de plantas que pueden vivir en una zona determinada, de manera semejante a como lo hace el régimen de precipitaciones o el tipo de suelo. Por lo tanto, las especies que surgen en una comunidad no solo son las que pueden vivir en ese clima y suelo precisos, sino que también dependen de las interacciones entre las especies y del régimen de incendios (figura 11). Por supuesto que esto no quiere decir que en estas circunstancias no haya procesos de competencia o facilitación entre especies, sino que el papel relativo del filtro puede ser preponderante en el ensamblaje de las comunidades.

Figura 11

Las especies que coexisten en una comunidad están determinadas por el ambiente, que define el nicho ambiental fundamental de las especies y por la inflamabilidad del sistema. La interacción con las otras especies coexistentes (competencia, facilitación, predación, etc.) y el régimen de incendios determinarán la presencia o ausencia final de cada una de las especies en la comunidad (el ensamblaje de comunidades). Las líneas discontinuas indican ciclos de retroalimentación, es decir, cambios en la comunidad influyen en la inflamabilidad, en la interacción entre especies y en las condiciones microclimáticas. Tradicionalmente la ecología se ha dedicado más al estudio de la parte derecha de este esquema que de la parte izquierda. La ecología del fuego trata de equilibrar este desajuste.

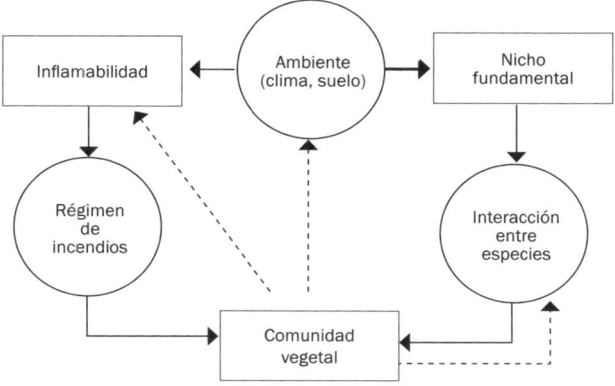

De forma simplificada, una comunidad dominada por procesos de interacción entre especies (competencia y facilitación) será una comunidad con elevada riqueza funcional (por ejemplo, las selvas tropicales), ya que estas interacciones propician la coexistencia de especies funcionalmente diferentes (complementariedad de nichos). En cambio, una comunidad donde las condiciones ambientales o incendios ejerzan un papel importante en el filtraje tenderá a tener una riqueza funcional más baja. Eso no siempre quiere decir que la diversidad de especies sea baja; puede haber una gran diversidad de especies que hayan adquirido un mismo rasgo necesario para vivir en un determinado lugar y que, siendo especies taxonómicamente muy diferentes, son morfofuncionalmente similares. Por ejemplo, la sabana brasileña (el Cerrado) es conocida por su muy gran diversidad de especies (uno de los puntos calientes de diversidad del mundo). En él encontramos especies taxonómicamente muy diferentes y morfológicamente muy similares: una diversidad de árboles todos con cortezas gruesas y similares, arbustos de tipo sufruticoso con estructuras subterráneas muy importantes y plantas herbáceas tipo graminoide.

En otros casos, la similitud funcional en comunidades fuertemente filtradas por algún tipo de estrés implica una baja diversidad filogenética, aunque no una baja diversidad de especies. Esto se debe a que, en muchos casos, los rasgos de las plantas están conservados a lo largo del tiempo evolutivo, es decir, especies (filogenéticamente) cercanas tienen rasgos parecidos. Por ejemplo, todos los pinos tienen hojas parecidas, los robles también tienen hojas parecidas entre ellos, las palmeras tienen troncos parecidos, etc. En aquellos casos en los que las características están conservadas, el filtraje ambiental determina la formación de comunidades con especies que no solo son parecidas funcionalmente entre sí, sino que además son filogenéticamente cercanas; siendo así, la diversidad filogenética de las comunidades es baja. Por ejemplo, las praderas sabanoides con elevada recurrencia de incendios están dominadas por plantas herbáceas rebrotadoras con fotosíntesis C4, que pertenecen la mayoría a la familia de las gramíneas (*Poaceae*). Aunque la diversidad de especies sea alta, la diversidad funcional y la filogenética son relativamente bajas. Las comunidades recurrentemente afectadas por incendios en la cuenca mediterránea a menudo están dominadas por arbustos reclutadores correspondientes a unas pocas familias (cistáceas, papilionáceas y labiadas) y, por lo tanto, frecuentemente tienen una diversidad filogenética relativamente baja respecto a comunidades donde los incendios son raros. Algo similar ocurre en la región del Cabo en Sudáfrica, uno de los puntos calientes en número de especies; la flora presenta un elevado número de especies por familia. En cualquier caso, no todos los rasgos relacionados con los incendios están conservados en la evolución, y el grado de conservación depende además del linaje. De este modo, como hemos visto, no siempre la similitud fenotípica implica cercanía filogenética y baja diversidad.

Las condiciones climáticas de las comunidades, así como su régimen de incendios, no son condiciones nuevas en las comunidades actuales, sino que aparecieron hace muchos millones de años. Por ejemplo, las condiciones mediterráneas seguramente aparecieron de manera local durante el Terciario, y a medida que la aridez fue en aumento, las zonas con clima mediterráneo se fueron extendiendo. Sería en el Cuaternario cuando pasarían a dominar las zonas que actualmente conocemos. Las sabanas sudamericanas aparentemente se remontan unos 4-8 millones de años. La vegetación esclerófila e inflamable en Australia parece ser mucho más antigua (aproximadamente 60 millones de años). Por lo tanto, las comunidades no solo ejercieron un papel de filtro, dejando entrar unas especies u otras según sus peculiaridades, sino que durante millones de años han sido el marco en el que las especies han evolucionado. La evolución de las especies que ocurre dentro de las comunidades, y bajo la presión de un filtro como la recurrencia de incendios, genera inevitablemente especies parecidas en los rasgos relacionados con el fuego que, además, son filogenéticamente cercanas. Esto explica la presencia de géneros muy ricos en especies, la mayoría reclutadoras, en zonas como las ya mencionadas Sudáfrica y Australia. Es decir, una baja diversidad filogenética puede ser fácilmente explicable por diversificación de unos pocos linajes bajo un filtro dentro de una comunidad.

Estrategias evolutivas

Hemos estudiado los principales rasgos que permiten a las plantas vivir en zonas con incendios recurrentes (capítulo 3). Las especies no presentan estas características simultáneamente porque a) distintos rasgos pueden tener un valor adaptativo bajo diferentes regímenes de incendios, y b) cada rasgo tiene un coste para las plantas (tabla 3). Las plantas, mediante el proceso de selección natural, adquieren las cualidades que les aportan beneficios en términos de incremento de supervivencia o de reproducción en un régimen de incendios dado; estos beneficios compensan los costes. Por ejemplo, tener yemas durmientes para poder rebrotar aporta un beneficio a la planta si se quema, aunque eso tiene un coste (tabla 3) y conlleva una reducción en la asignación de recursos a otras funciones (por ejemplo, en crecimiento). Si los incendios son recurrentes, el beneficio (supervivencia) compensa los costes, y se selecciona. De esta forma, existe cierta tendencia a la asociación de ciertos rasgos y a la formación de grupos de especies que funcionalmente se comportan de manera similar. A estos grupos de rasgos los llamamos "estrategias", y al grupo de especies que tiene una misma estrategia a menudo se les llama "grupo funcional". Representan combinaciones de rasgos evolutivamente estables bajo determinadas condiciones (climas, régimen de perturbaciones, tipos de suelo). Estas combinaciones no tienen por qué ser únicas, es decir, en un ambiente determinado diferentes estrategias son posibles (diferentes soluciones para un mismo problema). Asimismo, cabe mencionar que, aunque en el lenguaje vulgar el término *estrategia* se relaciona con tener un plan previo, en ecología se utiliza este término sin que ello implique ningún "plan" en el proceso evolutivo.

TABLA 3

Ejemplos de costes (tanto energéticos como de oportunidad) para las plantas de los principales rasgos relacionados con la persistencia en ambientes con incendios recurrentes.

RASGO	COSTE PARA LA PLANTA
Rebrote	Almacenamiento de reservas y mantenimiento de yemas; acumulación de mutaciones somáticas.
Banco de semilas en el suelo	Inversión en cubierta protectora, mantenimiento del embrión vivo, coste por depredación y patógenos en el suelo.
Banco de semillas aéreo (serotinia)	Mantenimiento de los conos y las semillas vivas; pérdida de viabilidad de la semilla con el tiempo, coste por depredación.
Inflamabilidad	Inversión en compuestos orgánicos volátiles.
Corteza gruesa	Inversión en corteza, incremento en peso, hábitat para patógenos, menor intercambio de gases.

Los grupos funcionales se pueden definir como conjuntos de especies con una combinación de rasgos similares que les permite tener una misma solución (estrategia) frente a un "problema". Por ejemplo, las plantas rebrotadoras (grupo de especies) rebrotan (estrategia) después de un incendio (problema). Estas combinaciones de rasgos ocurren no solo mediante selección natural basada en los compromisos fisiológicos (el balance costes-beneficios), como hemos indicado anteriormente, sino que también pueden darse otros factores que conllevan una correlación de atributos. Entre estos factores se encuentran las constricciones filogenéticas y biogeográficas, que pueden limitar o constreñir algunas de las posibles combinaciones de rasgos. Por ejemplo, en la cuenca mediterránea, la mayoría de plantas rebrotadoras obligadas tiene frutos carnosos, mientras que esta correlación no se da en otros ecosistemas (por ejemplo, en Australia). Esta diferencia se explica, en parte, por la diversa historia biogeográfica de las respectivas floras. Hay otros ejemplos de correlaciones entre rasgos que ocurren de manera independiente al compromiso fisiológico; por ejemplo, si dos rasgos están genéticamente ligados, el efecto de la selección natural sobre uno de ellos puede "arrastrar" al otro. En general, estos procesos están poco estudiados en el marco de la ecología del fuego.

De modo muy general, a continuación explicamos los cuatro grandes tipos de plantas que existen según sus respuestas a los incendios:

1. *Especies intolerantes a los incendios.* No sobreviven ni regeneran después de un incendio. En ambientes con incendios recurrentes, estas especies solo aparecen en zonas especialmente protegidas del fuego (fondos de valle, roquedos...); no tienen ningún rasgo para sobrevivir a los incendios. En caso de verse afectadas por uno, los individuos mueren y las poblaciones desaparecen localmente. La recolonización es lenta, y la velocidad depende de la capacidad de dispersión y de la distancia a las poblaciones no afectadas por el incendio. A menudo son plantas leñosas de crecimiento lento y vida larga. Se denominan especies intolerantes, evitadoras o sensibles a los incendios.

2. *Especies colonizadoras posfuego.* Los individuos no resisten el fuego ni generan un banco de semillas resistente, por lo tanto, desaparecen con el incendio (igual que las intolerantes). Sin embargo, la dispersión es muy eficiente y aparecen por germinación ya en el primer año posfuego. Tienen una dinámica metapoblacional. Típicamente son plantas heliófilas de vida corta (oportunistas); desaparecen con el tiempo después del incendio. A menudo, se las confunde con las reclutadoras, porque germinan simultáneamente a estas, pero, mientras que las reclutadoras lo hacen a partir de su banco de semillas (regeneración endógena), las semillas de las colonizadoras provienen del exterior por dispersión (regeneración exógena).

3. *Especies que regeneran posfuego.* Las poblaciones persisten después del fuego, ya que tienen mecanismos específicos para regenerar tras ser quemadas (regeneración endógena). Hay dos mecanismos principales: el rebrotar (plantas rebrotadoras) y reclutar nuevos individuos (plantas reclutadoras o germinadoras).

4. *Especies resistentes al fuego*. Especies que prácticamente no se ven afectadas por los incendios, de manera que los individuos y las poblaciones persisten. Por ejemplo, árboles con corteza muy gruesa en ecosistemas con incendios de superficie o plantas muy poco inflamables.

Como ya hemos visto al explicar los rasgos de las especies en el capítulo anterior, estas estrategias dependen del régimen de incendios específico. Por ejemplo, algunos árboles con cortezas relativamente gruesas son resistentes a incendios de superficie, pero pueden ser intolerantes a incendios de copa. En las próximas secciones profundizaremos más en algunos ejemplos de estrategias que han evolucionado en ecosistemas específicos con elevada recurrencia de incendios.

El mundo de los pinos

Los pinos constituyen un grupo de especies muy diverso (unas 115 especies repartidas principalmente en el hemisferio norte) que presentan una gran variedad de adaptaciones a los incendios. Los pinares recubren grandes extensiones en ecosistemas muy diversos, como boreales, templados, mediterráneos y tropicales. En los pinos encontramos tres estrategias diferentes en relación con los incendios: 1) los que viven en condiciones extremas (alta montaña, zonas áridas), que raramente están afectados por incendios y que no presentan ninguna característica adaptativa a estos; 2) los que viven en ecosistemas con incendios de superficie y lo resisten y 3) los que viven en ecosistemas con incendios de copa y se regeneran bien (tabla 4). Estos grupos de pinos reciben, respectivamente, el nombre de pinos *intolerantes* al fuego, *resistentes* al fuego de superficie y *pirófitos* (reclutadores). La mayoría de las especies del primer grupo son del subgénero *Strobus* (*Haploxylon*), mientras que las resistentes y las pirófitas son mayoritariamente del subgénero *Pinus* (*Diploxylon*). El hecho de que las especies que viven bajo distintos regímenes de incendios pertenezcan a diferentes subgéneros sugiere que el fuego ha estado moldeando los rasgos de persistencia al fuego desde el Cretáceo (figura 9), cuando estos dos subgéneros divergieron. Precisamente, durante el Cretáceo hubo un máximo de concentración de oxígeno en la atmósfera, cosa que estimularía la actividad de los incendios. Las especies que viven en sistemas con incendios de superficie tienen claramente cortezas mucho más gruesas que los demás pinos, tendencia a la autopoda de las ramas inferiores y algunas especies pasan por el estadio cespitoso y nunca tienen piñas serótinas (capítulo 3). Los pinos que viven en ambientes con incendios de copa (pinos pirófitos) tienen piñas serótinas; además, suelen ser de cortezas relativamente finas y presentan retención de las ramas inferiores, lo que les confiere mayor inflamabilidad. También hay pinos que rebrotan después de un incendio a partir de rebrotes epicórmicos (por ejemplo, el pino canario *Pinus canariensis*). Existen algunos pocos casos intermedios asociados normalmente a regímenes de incendios mixtos (variables en el tiempo y en el espacio) o regímenes que han variado en el tiempo evolutivo.

TABLA 4

Principales características de los pinos según el tipo de ecosistema en que viven (basado en el tipo de régimen de incendios: de superficie, de copa o ecosistemas donde los incendios son muy poco frecuentes o ausentes).

	TIPO DE ECOSISTEMA		
	CON INCENDIOS DE SUPERFICIE	CON INCENDIOS DE COPA	CON INCENDIOS INFRECUENTES
Corteza	Gruesa	Fina, intermedia	Fina
Altura	Elevada	Media/baja	Variable
Serotinia	No	Sí	No
Rebrote	En juveniles	No/sí (adultos)	No
Estado cespitoso	Sí	No	No
Ramas inferiores	Autopoda	Retención	Variable
Reproducción	En claros	Posfuego	En claros
Estrategia ante los incendios	Resistencia	Regeneración (reclutadora)	Intolerancia (= evitadora)
Ejemplo	*Pinus nigra*	*Pinus halepensis*	*Pinus uncinata*

Los matorrales mediterráneos:
de rebrotadoras y reclutadoras

Los ecosistemas mediterráneos se distribuyen en cinco regiones: la cuenca mediterránea (sur de Europa, norte de África y Oriente Próximo), California, Chile central, el sur de Sudáfrica (la región del Cabo) y el sur y oeste de Australia. En todas estas zonas los incendios son históricamente frecuentes, excepto en Chile central, donde los Andes frenan las tormentas (y rayos) estivales. En los matorrales, maquias, chaparrales y bosques bajos mediterráneos, los incendios son de copa (afectan a toda la planta) y de elevada intensidad. En estos sistemas, los rasgos que confieren persistencia a los incendios son fundamentalmente dos: la capacidad de rebrotar y la de reclutar después de un fuego (con banco de semillas en el suelo o copa). Para simplificar, esas características se pueden considerar binarias, de manera que se pueden dar cuatro tipos de estrategias (tabla 5): rebrotadoras obligadas, reclutadoras obligadas, reclutadoras facultativas y especies que no tienen ninguna de los dos rasgos. Estas últimas incluyen: 1) especies colonizadoras posfuego, que aparecen después de un incendio, no porque sus poblaciones persistan, sino porque los propágulos provienen por dispersión de zonas cercanas (dinámica de metapoblaciones; a menudo se trata de especies oportunistas); y 2) especies intolerantes a los incendios, que no tienen alta capacidad de dispersión y, por lo tanto, si estaban presentes antes del incendio, desaparecen tras este, aunque con los años puedan llegar a recolonizar lentamente el área. Estas especies pueden surgir en zonas con incendios frecuentes si están refugiadas en partes del paisaje que raramente se ven afectadas por el fuego (roquedos, fondos de valle, humedales).

Todas estas estrategias de regeneración posfuego están fuertemente relacionadas con otras características vitales de las plantas (tabla 6). Por ejemplo, las plantas rebrotadoras invierten más recursos en la parte subterránea de la planta que las reclutadoras obligadas, que inviertan más recursos en crecer en altura. Esto conlleva que las rebrotadoras tengan mayor sistema radical y tiendan a evitar la sequía (con mayor inversión en las raíces y más control estomático), mientras que las reclutadoras, con menor inversión radical, han desarrollado estrategias de tolerancia a la sequía en la parte aérea (por ejemplo, caducifolia estival, baja área foliar específica, elevada longitud radical específica, mayor resistencia a la cavitación, sistema radical más ramificado). En consecuencia, las principales estrategias de regeneración posfuego (rebrotadoras y reclutadoras) constituyen realmente dos síndromes bastante bien diferenciados en la flora mediterránea (tabla 6).

Tabla 5

Clasificación de las especies según las estrategias de regeneración posfuego en matorrales mediterráneos.

		CAPACIDAD DE REBROTAR (R)	
		SÍ (R+)	NO (R-)
Capacidad de reclutar (P) (con banco de semillas)	Sí (P+)	Reclutadoras facultativas (R+P+)	Reclutadoras obligadas (R-P+)
	No (P-)	Rebrotadoras obligadas (R+P-)	Colonizadoras/intolerantes (R-P-)

Desde el punto de vista evolutivo, la estrategia rebrotadora obligada (R+P-) suele pertenecer a linajes más antiguos (ancestrales) en las angiospermas. Con el incremento de aridez (durante el Terciario y la transición al Cuaternario) aumentó la previsibilidad de los incendios de alta intensidad, capaces de crear espacios para el reclutamiento de plántulas, por lo que se adquirió la capacidad de reproducción en pulsos posfuego (R+P+). Cambios ambientales más intensos llevaron a algunos linajes a abandonar el hábito del rebrote y a la evolución de las reclutadoras obligadas (R-P+). Por ejemplo, una elevada intensidad de fuegos podría favorecer a las plantas con semillas duras y resistentes, y perjudicar a los rebrotes, de forma que estos últimos podrían perder su valor adaptativo. Aunque las especies reclutadoras obligadas producen semillas cada año, las semillas se acumulan (banco de semillas) y el reclutamiento prácticamente solo ocurre una vez en la vida de la planta, después de un fuego, cuando además la planta muere. Es decir, las reclutadoras obligadas siguen una estrategia casi monocárpica (se reproducen una sola vez en la vida), que llamamos monopírica (se reproducen una sola vez entre dos incendios). Esta estrategia es arriesgada, ya que el éxito de la reproducción de toda la vida de la planta depende de que se den unas condiciones óptimas para la germinación y el reclutamiento tras el fuego (lluvias y temperatura apropiadas). Por lo tanto, esa estrategia solo puede haber evolucionado en ambientes con: a) un intervalo entre incendios intermedio, es decir, suficientemente largo como para permitir la maduración de la planta (alcanzar la edad de reproducción) y suficientemente corto como para que la planta se queme antes de la senescencia; y b) una elevada predictibilidad de las lluvias otoñales para asegurar el reclutamiento. Estas dos características se dan en los ecosistemas mediterráneos. La presencia de reclutadoras obligadas en los ecosistemas mediterráneos explica parte de la gran diversidad de estos, tal y como hemos visto anteriormente.

Una de las características que parece jugar un papel relevante en la evolución de las plantas reclutadoras es su inflamabilidad. En general, hay una tendencia a que las reclutadoras sean más inflamables que las rebrotadoras. Esto se explica porque la enorme inflamabilidad incrementa la intensidad del fuego, lo que beneficia a las reclutadoras que tienen semillas cuya germinación se estimula por altas temperaturas (rompiendo la dormición de las semillas con dormición física [capítulo 3]). La elevada intensidad de fuego no proporciona beneficios a las rebrotadoras, al contrario, puede perjudicar a las yemas si no están bien protegidas.

Actualmente, las diferentes estrategias posfuego (rebrotadoras, reclutadoras y facultativas) coexisten en climas similares, pero a menudo en micrositios diversos, de forma que hay una tendencia a que las reclutadoras obligadas ocupen partes del paisaje más secas o pobres en nutrientes y que las rebrotadoras obligadas ocupen las partes más húmedas o fértiles. Además, tanto los regímenes de fuego como de lluvias son variables en el tiempo y en el espacio; esta variabilidad temporal y espacial contribuye a entender la coexistencia de las diferentes estrategias.

TABLA 6

Principales diferencias funcionales (síndromes) entre especies que rebrotan y especies que reclutan (rebrotadoras y reclutadoras obligadas) en ecosistemas con incendios de copa. Se indican tendencias relativas y generales; existen excepciones a estas tendencias y especies que simultáneamente rebrotan y reclutan después de un incendio (tabla 5). Estas diferencias son más acusadas en los ecosistemas mediterráneos de la cuenca mediterránea y de California que en los de Australia y Sudáfrica.

	ESTRATEGIA REBROTADORA	ESTRATEGIA RECLUTADORA
Persistencia	Individual	Poblacional
Longevidad	Larga	Corta
Edad de maduración	Tardía	Temprana
Tasa de crecimiento (parte aérea)	Lenta	Rápida
Inflamabilidad	Baja	Elevada
Relación biomasa radical/biomasa aérea	Elevada	Baja
Sistema radical	Profundo	Superficial, más ramificado
Tamaño y tipo de diáspora	Grande, a menudo carnosa	Pequeña, seca
Vector de dispersión de las semillas	Vertebrados	Viento, hormigas
Distancia de dispersión	Larga	Corta
Longevidad del banco de semilla	< 1 año	> 1 año
Germinación estimulada por fuego	No	Calor/humo
Momento de germinación	Entre fuegos	Después de un fuego
Cuajado de las semillas	Bajo	Elevado
Fecundidad	Baja	Elevada
Tolerancia a la sombra	Alta	Baja
Respuesta a la sequía	Evasión	Tolerancia
Eficiencia en el uso del agua	Baja	Elevada
Solapamiento entre generaciones	Elevada	Baja
Origen del linaje	Terciario	Terciario-Cuaternario

Las sabanas tropicales

Las sabanas constituyen uno de los ecosistemas más abundantes y variados de nuestro planeta, aunque están relativamente poco estudiadas. En general, son ecosistemas con elevada productividad y fuerte estacionalidad, de manera que hay una época del año con mucha agua en la que la vegetación herbácea tiene un rápido crecimiento, y una época muy seca donde esta biomasa herbácea arde fácilmente. Dadas estas condiciones, los incendios son muy frecuentes y de baja intensidad, y se propagan por las plantas herbáceas (principalmente pastos) generando incendios de superficie. Según las condiciones y el régimen de incendios, las sabanas pueden estar prácticamente desprovistas de árboles y corresponder a praderas graminoides o tener baja densidad de árboles. Los árboles suelen tener cortezas gruesas (al menos en la base) que les permite soportar los incendios de superficie. Los árboles juveniles tienden a estar siempre por debajo de la altura de la llama y a sufrir los incendios. Por ello, en muchas sabanas (africanas y australianas) los juveniles tienden a crecer relativamente rápido, lo que les permite llegar pronto a la altura necesaria para que la copa escape de las llamas de los incendios de superficie (y adquieren un porte estilizado). En algunos casos, los árboles pueden quedarse en el estrato herbáceo durante varios años (banco de juveniles) invirtiendo en raíces y rebrotando después de cada incendio, hasta que tienen suficientes recursos o el intervalo entre incendios es suficientemente largo como para crecer y superar la altura de las llamas (es el caso del estadio cespitoso de algunos pinos). En sabanas con suelos relativamente pobres es difícil que las plantas leñosas crezcan rápido y escapen de la altura de las llamas. Es el caso de árboles y arbustos de las sabanas brasileñas. En estas condiciones las plantas viven muchos años dentro de la zona a que llegan las llamas de los incendios de superficie. Para sobrevivir, estas plantas tienden a tener cortezas muy gruesas y suberificadas (figura A9) a lo largo de todo el tronco y ramas, de manera que las yemas quedan bien protegidas del fuego y rebrotan a partir de yemas epicórmicas. También tienden a adquirir baja inflamabilidad (hojas gruesas y grandes, con ramas dispersas) o troncos semisuculentos para sobrevivir a los incendios recurrentes.

Por lo tanto, las estrategias de las plantas frente al fuego son muy diferentes entre las comunidades mediterráneas y las sabanas tropicales. En estas últimas no hay prácticamente plantas reclutadoras posfuego, ya que el intervalo entre incendios es muy corto y no les permite llegar a la edad reproductora. Además, los incendios son poco intensos, de manera que el rebrote a partir de yemas, incluso de yemas en las copas, es muy común. Esas condiciones de incendios frecuentes y poco intensos han sido el marco ideal para la evolución de las cortezas gruesas y suberificadas que protegen las yemas. También existen numerosas especies rebrotadoras en las que el fuego estimula la floración. Asimismo, es el marco ideal para plantas herbáceas graminoides rebrotadoras con fotosíntesis C4; estas especies arden con mucha facilidad, pero con relativamente poca intensidad. En las plantas leñosas, la inversión en biomasa subterránea suele ser muy elevada (en relación con la biomasa aérea), con valores extremos en las sabanas brasileñas, donde diversas especies tienen forma de árbol subterráneo (tronco y ramas principales subterráneas) y solo sale a la superficie la punta de las ramas con hojas. También son frecuentes estructuras subterráneas que almacenan yemas, como los rizomas leñosos, los lignotubérculos y los xilopodios (capítulo 3).

Es importante destacar que, para entender las características de las sabanas, hay que tener en cuenta el importante papel de los grandes herbívoros (en especial en las sabanas africanas) y los pequeños herbívoros (hormigas y termitas). Existe una relación entre los incendios y los grandes herbívoros debido a que los dos consumen los mismos recursos (biomasa vegetal), por lo que en cierta manera compiten. Los herbívoros que ramonean (consumen plantas leñosas) mantienen las sabanas con poca biomasa de leñosas e impiden a estas plantas llegar a la altura en la que están a salvo de las llamas. La falta de ramoneadores puede generar una invasión de leñosas y ocasionar incendios más intensos. Los herbívoros que pastan pueden reducir la biomasa en el estrato herbáceo y la intensidad de los incendios de superficie. Las sabanas africanas sin fauna tendrían un régimen de incendios muy diferente.

También existen sabanas en sistemas templados y mediterráneos, con un aspecto muy similar a las sabanas tropicales, y en todas ellas el fuego tiene un papel muy relevante. Por ejemplo, las sabanas mediterráneas de quercíneas (robles y encinas) tienen también incendios de superficie, y las especies de estos sistemas presentan cortezas más gruesas que otras del mismo género (*Quercus*) que viven en otros ambientes. Estas sabanas de robles y encinas están bien representadas en Norteamérica; por su parte, en la cuenca mediterránea, y debido a la gran influencia humana, muchas de estas han desaparecido o han sido sustituidas por dehesas, que muestran una estructura bastante similar a las sabanas, pero muy antropizadas (sistemas agroforestales). Las dehesas actuales están mantenidas por el uso en lugar de por incendios. Cabe destacar que el alcornoque (*Quercus suber*), que crece en el oeste de la cuenca mediterránea, es un árbol extremadamente parecido a muchas especies de la sabana brasileña, debido a su corteza gruesa y suberificada (de donde se extrae el corcho), lo que supone un caso claro de convergencia evolutiva (figura A9). Existen, además, pinares relativamente abiertos y sabanoides, tanto tropicales como templados, donde los árboles son bastante altos y con corteza gruesa (tabla 4); en ellos los fuegos son de superficie, muy similares a las sabanas tropicales (por ejemplo, bosques de *Pinus palustris*). Las praderas, tanto del norte como del sur de América, presentan características similares a las sabanas tropicales no arboladas, y están dominadas por herbáceas graminoides; en estas praderas los incendios son frecuentes, aunque no tanto como en las sabanas tropicales. Además, en las praderas templadas puede existir una interacción entre el fuego y el frío, de tal modo que el frío ralentiza el crecimiento de los árboles y dificulta que alcancen la altura suficiente para escapar de las llamas, cosa que podría contribuir a que muchas de estas praderas templadas estén desprovistas de árboles.

Los bosques boreales

Los bosques boreales son el bioma más extenso del mundo. A pesar de ser muy fríos durante gran parte del año, en el verano están afectados por incendios de una manera natural, y tienen plantas adaptadas a ellos. Los incendios son menos frecuentes que en los ecosistemas mediterráneos o las sabanas, con intervalos entre incendios (a escala local) de varios centenares de años (tabla 1). Los bosques boreales son extensos y variables, y los regímenes de incendios, también. En general, los bosques boreales de Norteamérica presentan incendios de copa y, como consecuencia, existen especies de coníferas con piñas serótinas (por ejemplo, *Pinus banksiana*, *Picea mariana*). En cambio, en los bosques boreales de Eurasia los incendios suelen ser de superficie (de sotobosque), y no existe ninguna especie con piñas serótinas. Esta diferencia en el régimen de incendios se cree que está asociada a que los bosques de Eurasia viven en zonas menos frías y más productivas, con más posibilidad de crecer lo suficiente para que la copa escape del fuego (por ejemplo, en *Pinus sylvestris*). En los bosques norteamericanos las condiciones climáticas son más frías y limitantes para el crecimiento, y los árboles mantienen las ramas de la base, lo que proporciona una elevada inflamabilidad. En los dos ambientes hay especies rebrotadoras y especies colonizadoras posfuego.

CAPÍTULO 5
Un mundo cambiante

El clima cambia

Vivimos en un contexto de cambio climático, con temperaturas en ascenso en todo el planeta (figura 12) debido a la acumulación en la atmósfera de gases con efecto invernadero. El régimen de precipitaciones también está cambiando, pero estas transformaciones son más complejos y variables en el espacio. En general, el incremento de temperatura conlleva un incremento en la intensidad y frecuencia de sequías y olas de calor en la mayoría de las regiones del planeta. En estas condiciones se reducen los tres umbrales del fuego (figura 1), de modo que se requieren menos igniciones, menos continuidad de vegetación y menos sequía para que se generen grandes incendios. Por lo tanto, la estación propensa a incendios se hace más larga, y en los ecosistemas con suficiente biomasa y continuidad de la vegetación aumenta la probabilidad de incendios. Como consecuencia, estamos siendo espectadores de un incremento del número, tamaño e intensidad de incendios en muchas regiones del mundo (intensificación del régimen de incendios). Por ejemplo, tanto en los bosques boreales de Canadá como en los ecosistemas cálidos de Australia siempre ha habido incendios y hay especies adaptadas a ellos, pero los veranos más largos e intensos hacen que esté creciendo significativamente el número, tamaño e intensidad de los incendios, cuyo patrón se repite en muchas otras regiones. Pero los cambios en los regímenes de incendios constituyen un proceso más complejo, puesto que los incendios no solo dependen del clima (figura 1 y 3) y, como veremos en el siguiente apartado, no solo está variando el clima.

FIGURA 12

Distribución de frecuencias de las temperaturas diarias de verano durante el periodo 1937-1970 (izquierda, gris oscuro) y durante el periodo 2013-2023 (derecha, gris claro) en Valencia. Las temperaturas de los días extremos antes de 1970 están ahora dentro de la normalidad. La temperatura media de los días de verano ha subido 2,4 °C entre estos dos periodos (diferencia entre la mediana de las dos distribuciones).

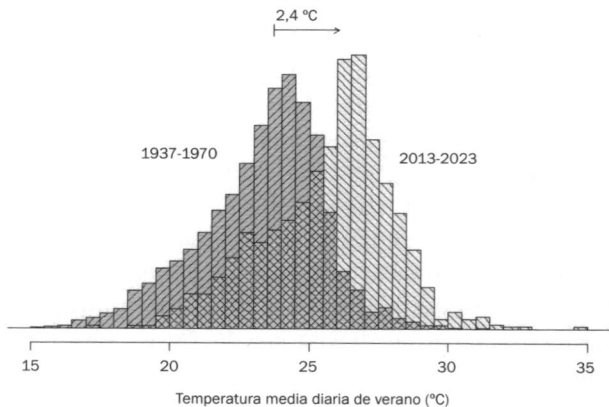

Temperatura media diaria de verano (°C)

FUENTE: AEMET.

El cambio climático no solo tiene un impacto directo sobre el régimen de incendios; las condiciones cada vez más secas afectan a la vegetación, tanto induciendo mortalidad por sequía (incrementando la inflamabilidad) como limitando la regeneración posincendio. El efecto de la sequía en la vegetación constituye toda un área de investigación que no se puede detallar aquí, pero vale la pena tener en cuenta un par de puntos. Para germinar se necesita agua, por lo que periodos largos sin lluvia después de un incendio reducen la germinación de las plantas reclutadoras. Las plantas rebrotadoras suelen ser un poco más independientes de las lluvias posincendio (tienen raíces ya formadas y profundas), pero cuando un incendio se da en medio de varios años consecutivos secos, a menudo se reduce la capacidad de rebrote (es decir, el número de plantas que rebrotan y el vigor con el que rebrotan). Además, incendios más intensos reducen la capacidad de rebrote de algunas rebrotadoras, y los incendios más frecuentes reducen la capacidad de reclutamiento de las reclutadoras. Por lo tanto, si el cambio climático continúa, es esperable que disminuya la regeneración posincendio de nuestros ecosistemas.

Para ser sinceros, nada de esto es una sorpresa: sabíamos que, si cambiábamos el clima, esto tendría graves efectos en las plantas y en el régimen de incendios (entre muchas otras cosas), y, a pesar de todo, lo hemos cambiado.

No solo cambia el clima

Simultáneamente al cambio climático se están produciendo otras alteraciones que influyen en gran medida en el régimen de incendios, y que englobamos bajo el término de "cambio global" (figura 13). Algunos de estas transformaciones pueden ser más importantes en determinar la actividad de los incendios que el cambio climático *per se*; además, existen interacciones entre los diferentes factores de cambio. A continuación, mencionamos los factores más significativos relacionados con el cambio global que no están directamente relacionados con el clima y que tienen implicaciones en el cambio del régimen de incendios:

1. *Cambios en la densidad y distribución de la población humana.* El incremento de la población conlleva un incremento de las igniciones (sean accidentales, intencionadas o por negligencias), en especial, el incremento de la población urbana (no rural) en zonas periféricas a las ciudades (interfaz

urbano-forestal). El incremento de la población es especialmente evidente en las zonas mediterráneas, ya que el clima favorable atrae a muchas personas de otras partes del mundo. En muchos ecosistemas con una época seca (o con frecuentes años secos), el incremento de igniciones puede aumentar con facilidad la actividad de los incendios, aunque la magnitud del incremento no será la misma para todos los ecosistemas y dependa de los otros factores (figura 1 y 3).

2. *Abandono rural.* A medida que la industrialización, la modernización y las tecnologías avanzan, las sociedades se van independizando de los recursos obtenidos por sistemas de agricultura, ganadería y explotación maderera extensivas. En consecuencia, se produce el abandono del mundo rural y de los paisajes antaño fuertemente utilizados, lo que conlleva una subida en la cantidad y continuidad de la vegetación, es decir, de la biomasa combustible (capítulo 2, figura 6). En algunos casos, esta gran acumulación de biomasa se debe en parte a la ausencia de los herbívoros naturales, que fueron eliminados en el pasado, sustituidos por la agricultura y el pastoreo, pero (de momento) no reintroducidos con el abandono de las actividades rurales. Estos cambios en la cantidad y continuidad de la vegetación elevan la inflamabilidad del paisaje y favorecen la propagación de incendios que, a menudo, se originan en las actuales interfaces agrícola-forestal y urbano-forestal. El abandono rural es la principal causa de la modificación observada en el régimen de fuegos en las últimas décadas, como, por ejemplo, en el sur de Europa (figura 6) y en las zonas de la antigua URSS.

3. *Deforestación y fragmentación.* En ecosistemas relativamente poco productivos y pobres en vegetación, la deforestación y fragmentación del paisaje reduce la continuidad del combustible, lo que puede llevar a la disminución de los incendios. Sin embargo, en ecosistemas forestales densos y húmedos (selvas), el aclareo y la deforestación aumentan los claros en los bosques, lo que reduce la humedad e incrementa la

inflamabilidad del ecosistema. Estos procesos determinan una mayor probabilidad de incendios y, en especial, de incendios más severos.

4. *Forestación.* La cultura europea moderna es bosque-céntrica y prioriza la exclusión de los incendios y la plantación de árboles en matorrales y pastizales. Las repoblaciones forestales, a menudo, son densas y homogéneas. En general, se priorizan especies de crecimiento rápido, a veces no autóctonas, y no se realiza un mantenimiento apropiado. La falsa idea de que plantando árboles se puede disminuir el efecto de las emisiones del CO_2 agrava el problema. Todo ello eleva la cantidad y continuidad del combustible y, por lo tanto, la inflamabilidad del paisaje. Quizá un caso extremo de grandes plantaciones densas, homogéneas y con especies no autóctonas es el de Chile; los recientes incendios ponen en evidencia su poca sostenibilidad en el clima del siglo XXI.

5. *Invasiones vegetales.* Uno de los productos de la globalización de la humanidad es el incremento masivo de especies invasoras en muchos ecosistemas. Las invasiones pueden cambiar sustancialmente la estructura y funcionamiento de los ecosistemas, incluyendo variaciones en la estructura e inflamabilidad del combustible. La invasión puede ser de una especie perenne con elevada inflamabilidad y resistente a fuegos (por ejemplo, plantas graminoides rizomatosas). Estas especies incrementan la probabilidad de ignición y la intensidad del fuego, y eliminan a menudo plantas nativas más sensibles a la alta intensidad. En los sistemas mediterráneos de California y Chile, la invasión es principalmente de especies anuales, que aumentan la frecuencia de incendios poco intensos, de manera que desplazan a las plantas nativas reclutadoras (que requieren un periodo más largo sin fuegos para reproducirse). Cabe destacar que hay ecosistemas muy sensibles a ser invadidos después de un incendio, y otros en los que raramente se observan especies invasoras posincendio.

6. *Incremento del dióxido de carbono (CO_2)*. El efecto a largo plazo en las plantas y ecosistemas del incremento del CO_2 atmosférico debido al consumo de combustibles fósiles (carbón, petróleo, gas natural) es complejo y aún poco conocido. El aumento de CO_2 favorece a las plantas una mayor tasa fotosintética, lo que supone un mayor crecimiento, es decir, una mayor acumulación de biomasa si los otros recursos (agua y nutrientes) no son limitantes. De hecho, el incremento de la vegetación leñosa (matorralización) en algunas sabanas ha sido atribuido a la subida del CO_2 atmosférico. El elevado CO_2 también puede favorecer las gramíneas C3, en detrimento de las C4, que son la base fundamental de las sabanas tropicales, y eso puede tener implicaciones en la respuesta a los incendios de estos ecosistemas.

Figura 13

Principales motores de cambio del régimen de incendios en el marco del cambio global. La elevada población suele implicar un incremento en las igniciones; la temperatura incrementa la inflamabilidad de los ecosistemas; la deforestación también incrementa la inflamabilidad de los bosques y reduce el combustible; el abandono rural, la forestación, las especies invasoras y el incremento de CO_2 suelen incrementar la cantidad y continuidad del combustible. El balance final en la modificación del régimen de incendios depende de las condiciones ambientales y de productividad del ecosistema (figuras 3 y 5), así como de la posible gestión del combustible.

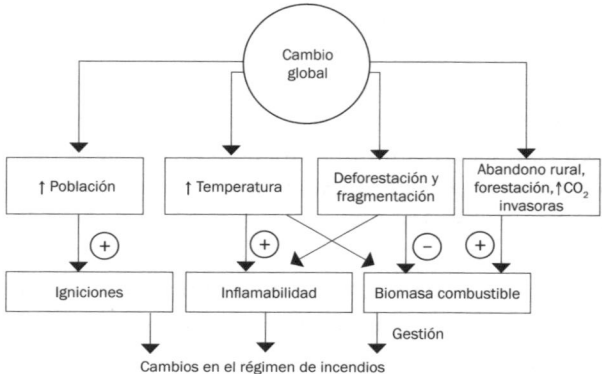

Con la excepción del primer motor de cambio (poblaciones humanas), que conlleva un incremento en las igniciones, la mayoría de los demás factores suponen un aumento en la cantidad y continuidad de combustible. En los ecosistemas secos, es decir, donde los regímenes de incendios están limitados por combustible (figura 5), este crecimiento conduce a una mayor actividad de los incendios. Además, dado que el incremento de combustible es un proceso en el espacio, la conectividad del combustible no aumenta de manera lineal, sino exponencial (figura 1) y, por lo tanto, puede generar fácilmente cambios bruscos en el régimen de incendios, más abruptos que los cambios esperados si solo hubiera modificaciones en el clima (figura 6). Además, los diferentes factores pueden crear interacciones y sinergias. Por ejemplo, el incremento de combustible en un ecosistema de tipo seco aumenta la susceptibilidad de su régimen de incendios a los cambios climáticos y, por lo tanto, crece la probabilidad de transformaciones bruscas en el régimen de incendios.

Por el momento, se infiere cómo estos factores pueden generar cambios a corto o medio plazo en el régimen de incendios. Los cambios en el régimen de incendios a largo plazo son aún más difíciles de predecir, por varias razones. Primero, porque la alteración en el clima y en los demás motores de cambio, arriba mencionados (figuras 12 y 13), son también complicados de predecir a largo plazo; algunos dependen de cambios sociopolíticos. En segundo lugar, porque las interacciones entre factores pueden variar con el tiempo. Por ejemplo, un incremento en biomasa puede aumentar la actividad de los incendios, pero este aumento, junto con el de las temperaturas, puede disminuir suficientemente la biomasa, a medio o largo plazo, y reducir de nuevo la actividad de los incendios, aunque probablemente en un paisaje muy diferente al actual.

Por lo tanto, el régimen de incendios futuro no depende solo del clima, sino que hay muchos otros factores que son incluso más relevantes que el clima a la hora de moldear los incendios y los paisajes. Lo que sí es cierto es que el papel relativo del clima en el régimen de incendios incrementa con el cambio climático, en particular si aumenta simultáneamente la cantidad y continuidad del combustible (es decir, cuanta más biomasa, más sensible es el sistema a variaciones en el clima). La importancia de la vegetación combustible en los cambios del régimen de incendios sugiere que la gestión territorial constituye un punto clave para el futuro de muchos de nuestros paisajes, ya que, como veremos más adelante, hacer modificaciones en la gestión puede moldear el futuro régimen de incendios.

Perturbaciones del régimen de incendios

Sabemos que los incendios son un proceso natural en muchos ecosistemas, y que cada ecosistema tiene un determinado régimen de incendios característico, es decir, un rango de frecuencias, tamaños, intensidades y estacionalidad determinado (capítulo 1). En ese rango, los incendios son naturales y necesarios para el mantenimiento de la biodiversidad. Fuera de él, los incendios pueden ser insostenibles para el ecosistema. Es decir, el problema no son los incendios en sí, sino la perturbación del régimen de incendios, que puede llevar al sistema a un régimen fuera del rango natural y sostenible. Ciertamente, como acabamos de ver, estamos viviendo transformaciones importantes en los factores que determinan el régimen de incendios, lo cual perturba el régimen natural de incendios (figura 13). A continuación, mencionamos algunas de las principales alteraciones del régimen de incendios.

Cambios en la ocurrencia de incendios

Una de las perturbaciones más evidentes del régimen de incendios es la aparición de incendios en ecosistemas donde históricamente no se daban y, por consiguiente, donde las especies no están necesariamente adaptadas a ellos. Este es el caso de algunos bosques húmedos (las selvas lluviosas), así como de algunos ambientes áridos o fríos. Dependiendo del ambiente, la causa de los incendios es muy diversa. En las selvas lluviosas, que en general son muy poco inflamables, normalmente se debe a la deforestación (para obtener madera o para introducir agricultura). La deforestación no solo incrementa las igniciones, sino que también abre el dosel de los bosques, lo que reduce la humedad, incrementa las temperaturas del sotobosque y la velocidad del viento, y favorece a herbáceas inflamables (a menudo no nativas). Todo ello facilita la entrada de incendios que degradan las selvas lluviosas. En este caso, el cambio climático tiene un papel secundario. Igualmente, en la actualidad se observan incendios en algunos ecosistemas áridos con vegetación dispersa donde los incendios eran raros o muy pequeños, y las plantas no tienen características adaptativas a los incendios. En estos sistemas, las plantas invasoras, normalmente pastos, están incrementando la continuidad de la vegetación y, por lo tanto, la propagación y el tamaño de los incendios. Es el caso de zonas áridas de Norteamérica, actualmente invadidas por gramíneas nativas de Europa (por ejemplo, *Bromus tectorum*) que generan estratos continuos de combustible fino. El cambio climático tiene un papel más relevante en algunas zonas de montaña o en ecosistemas templados fríos, donde, antaño, rara vez se daban las condiciones climáticas para incendios; las sequías y el calor ocasionados por las variaciones en el clima están haciendo llegar los incendios a estos ecosistemas.

Cambios en la frecuencia de incendios

Los incendios también pueden ser un problema ecológico en ambientes con larga historia de incendios y con plantas adaptadas al fuego. Por ejemplo, esto ocurre cuando la frecuencia de estos es tan elevada que no permite a las especies alcanzar su edad de reproducción y, por lo tanto, impide la regeneración de las poblaciones; a este proceso se le llama el *riesgo de inmadurez*. En estos casos, el tiempo entre dos incendios es menor al tiempo necesario para que las especies acumulen un banco de semillas suficiente como para asegurar la regeneración de la población. Afecta a especies reclutadoras que no poseen la capacidad de rebrotar. Este problema es muy típico (pero no exclusivo) en ecosistemas con incendios de copa dominados por especies serótinas (por ejemplo, comunidades de pino carrasco de la cuenca mediterránea), que pueden casi desaparecer de paisajes con una elevada frecuencia, a pesar de estar adaptadas a incendios intensos. La degradación de muchos matorrales mediterráneos a pastizales de plantas anuales, a veces con abundantes especies invasoras (como es el caso, por ejemplo, de los matorrales de California y Chile), es también la respuesta a una alta asiduidad de incendios que no permite la regeneración de las especies típicas del matorral, adaptadas a incendios de más intensidad pero menor frecuencia. En algunos casos, la degradación por riesgo de inmadurez es el producto de un régimen de quemas prescrito muy frecuente, pensado para disminuir el combustible sin considerar las consecuencias ecológicas.

En el extremo opuesto al riesgo de inmadurez encontramos el *riesgo de senescencia*, es decir, que una muy baja recurrencia de incendios puede hacer que especies reclutadoras con longevidad más corta que la frecuencia de incendios no tengan la oportunidad de regenerarse y acaben muriendo por senescencia, sin dejar apenas descendencia. Especies en las que el reclutamiento ocurre principalmente en condiciones posfuego (especies serótinas y especies con germinación estimulada por calor o humo) son susceptibles de este problema. Además, la baja frecuencia de incendios puede generar una acumulación elevada de biomasa y, finalmente, producir incendios muy intensos, con efectos negativos para otras especies del ecosistema (tanto de plantas como de animales). Por lo tanto, el riesgo de senescencia puede conllevar un incremento en la intensidad (véase siguiente apartado). Se da en ecosistemas donde hay una excesiva prevención de incendios o de fragmentación del paisaje (que reduce la llegada de incendios).

Cambios en la intensidad

Otra alteración del régimen de incendios que tiene fuertes implicaciones en la biodiversidad es el cambio del tipo de incendios que supone variaciones importantes en la intensidad. Por ejemplo, muchos bosques de coníferas se caracterizan por incendios frecuentes de superficie, los cuales son frecuentes pero poco intensos (figuras 4 y A3). En estos casos, las plantas del sotobosque regeneran bien después de incendios frecuentes, y los árboles están bien protegidos para ese régimen, generalmente mediante cortezas gruesas. La protección de los bosques contra los incendios reduce su frecuencia, pero comporta una acumulación de biomasa combustible en el sotobosque. En esas condiciones, un simple incendio puede fácilmente llegar a las copas y convertirse en un incendio de copa de elevada intensidad, al cual los árboles típicos de incendios de superficie no están adaptados, con el consiguiente riesgo de extinción local de la especie arbórea.

También se dan problemas de intensidad de incendios en algunos bosques con incendios de copa. Es el caso de los bosques boreales de Norteamérica, que han tenido históricamente incendios de intensidad moderada de tal forma que el suelo y la cobertura de musgos se veían muy poco afectados, facilitando la regeneración de las especies arbóreas. Las actuales condiciones más secas y cálidas propician incendios más intensos, con efectos más severos en el suelo, lo que conlleva implicaciones negativas en la regeneración posfuego de esas especies arbóreas.

En muchos casos el problema no es el exceso de incendios, sino la ocurrencia de unos pocos incendios de grandes dimensiones y elevada intensidad; y políticas de extinción de todos los incendios (tolerancia cero) no solucionan el problema, sino que lo agravan (*paradoja de la extinción*). Por ello, como veremos más adelante, la medida más efectiva para reducir los grandes incendios de alta intensidad a menudo supone aceptar un número de incendios pequeños y relativamente poco intensos.

El problema de los incendios

Mientras que todos estos cambios en el régimen de incendios pueden poner en peligro algunas especies y ecosistemas, los incendios no son el factor más importante en la degradación del medioambiente y la biodiversidad. En muchas ocasiones, la agricultura (y todo lo que conlleva: deforestación, salinización y desecación de acuíferos, uso de herbicidas e insecticidas, etc.) ha sido el principal factor de destrucción de ecosistemas y de la desertificación de paisajes. En condiciones mediterráneas, los incendios han jugado un papel limitado en la degradación de los ecosistemas y su biodiversidad, en especial si lo comparamos con el papel de la agricultura o del mal planeamiento urbano (que conlleva un continuo crecimiento de zonas urbanas en el medio natural), destruyendo ecosistemas de una manera prácticamente irreversible. En los bosques tropicales, los factores principales de destrucción son la tala, la caza o la conversión en agricultura; la consecuencia de estos procesos puede llevar a incendios destructivos, pero estos no suelen ser el factor causante inicial de la degradación.

Sin embargo, cuando se habla de "el problema de los incendios", no siempre se refiere al impacto ecológico de los incendios, sino también a los problemas que los incendios pueden generar a la sociedad, destruyendo infraestructuras y, en algunos casos, llevándose vidas humanas. Estos problemas son fáciles de cuantificar y valorar económicamente, no así los problemas ecológicos. Además, los problemas de destrucción de infraestructuras son más fáciles de solucionar (solo se requiere dinero) que los problemas ecológicos, pero tienen un gran impacto mediático. Por consiguiente, a menudo la gestión de los paisajes inflamables se realiza más bajo la perspectiva de los problemas socioeconómicos que de los problemas ecológicos, lo que puede conducir a una gestión ecológicamente insostenible. De hecho, puede haber un régimen de incendios que sea sostenible para un ecosistema o paisaje determinado, pero no para mantener urbanizaciones e infraestructuras en él; y al revés, hay regímenes de incendios sostenibles para las urbanizaciones (la exclusión total de los incendios), pero no para los ecosistemas. La gestión de un mundo inflamable requiere balancear los beneficios ecológicos y socioeconómicos de manera que se minimice el impacto de los incendios en las poblaciones humanas sin medrar la sostenibilidad de la biodiversidad; como veremos en el siguiente apartado, para ello se requiere considerar tanto aspectos ecológicos como de planificación territorial.

Hacia una gestión de paisajes inflamables

La gestión de paisajes inflamables (es decir, en climas y vegetación propensos al fuego) no es fácil. De hecho, algunas de las regiones tecnológicamente más avanzadas del planeta se encuentran en paisajes muy inflamables (por ejemplo, California y Australia) y no han conseguido una gestión sostenible del régimen de incendios, sugiriendo que las soluciones no son solo tecnológicas, sino que (probablemente) requieren un cambio de paradigma.

La eliminación total de los incendios forestales es imposible y, a menudo, insostenible en términos de biodiversidad. La principal excepción serían los bosques húmedos, donde no hay época seca y los incendios son históricamente muy raros, o en ecosistemas áridos, donde no hay suficiente combustible para incendios frecuentes; en esos casos, el mantenimiento de la biodiversidad requiere la máxima reducción posible de los incendios. En muchos otros ecosistemas, eliminar del todo los incendios es imposible porque, tarde o temprano, una ignición (sea una tormenta seca o una ignición antrópica) coincidirá con un año o una estación seca y unas condiciones meteorológicas apropiadas, y se propagará. En ecosistemas inflamables, intentar eliminar los incendios suele ser ecológicamente insostenible porque hay muchas especies (plantas y animales) adaptadas a espacios abiertos que desaparecerían sin incendios. Además, la extinción total genera incendios más intensos. Es decir, el intento de extinción total consigue acabar con los incendios poco intensos, pero no con los más extremos (que en realidad son favorecidos, el llamado *sesgo de la extinción*); además, crea una acumulación y continuidad de biomasa que puede generar futuros incendios de más intensidad y extensión (la *paradoja de la extinción*) y, por tanto, más dañinos ecológica y socialmente. La gestión es especialmente relevante si tenemos en cuenta el paisaje que hemos heredado en regiones densamente pobladas desde antaño, como es la cuenca mediterránea. Existe una gran cantidad de campos abandonados cubiertos por abundantes plantas inflamables de crecimiento rápido típicas de los primeros estados de sucesión, y sin herbivoría (ni doméstica ni salvaje), lo que genera paisajes propensos a quemarse y a propagar fácilmente el fuego. Además, hay numerosas plantaciones de árboles, a menudo muy densas y poco mantenidas, que probablemente eran sostenibles con el clima y las condiciones sociales del siglo XX, pero que se han convertido en poco sostenibles en el clima del siglo XXI.

El reto de la gestión de estos paisajes inflamables es aprender a convivir de una manera sostenible con los incendios, es decir, gestionarlos para que haya un régimen de incendios sostenible. Por ejemplo, es más sostenible tener muchos incendios de reducido tamaño e intensidad, que pocos incendios pero grandes e intensos. En otras palabras, en una región dada, es mejor tener un incendio de 1000 hectáreas cada año que uno de 10 000 cada 10 años (de hecho, la relación no es lineal como sugieren estos números; evitar incendios pequeños puede originar incendios más grandes que la suma de los pequeños). Los incendios pequeños generan más heterogeneidad y discontinuidades en el paisaje, y sus posibles impactos (a la población, de erosión, regeneración, etc.) se reparten en el tiempo y espacio. En definitiva, es como "poner huevos en diferentes cestas", cosa que los hace más gestionables. Por ejemplo, si un gran incendio coincide con condiciones posincendio secas, la regeneración puede ser limitada en una gran parte del paisaje; pero, si hay pequeños incendios cada año, unos ocurrirán en años secos y otros en años húmedos, por lo que el paisaje será más resiliente. Además, la recolonización posfuego, especialmente por parte de la fauna, es más sencilla en áreas afectadas por incendios pequeños que cuando estos son grandes, al ser mayor el perímetro en relación con su superficie. Por lo tanto, la tolerancia cero a los incendios no es una estrategia apropiada; al contrario, en zonas con clima y vegetación propensa a fuegos, debemos aceptar cierta cantidad de incendios, especialmente los que prenden en condiciones meteorológicas poco adversas.

Sin embargo, esta convivencia con los incendios no es siempre fácil, ni socialmente aceptada. Para conseguir esa convivencia no hay una receta sencilla ni única. Por ejemplo, no es lo mismo gestionar una zona donde los incendios se propagan, principalmente, por el viento que si lo hacen a través del combustible (grandes extensiones forestales homogéneas). En el primer caso, gestionar las igniciones puede ser lo más importante. En el segundo, la clave puede estar en gestionar el combustible. Además, la convivencia se hace especialmente difícil en el marco socioeconómico actual. Por ejemplo, los ecosistemas mediterráneos tienen un clima muy benigno y atraen a mucha población, de manera que casi todos los ecosistemas están cerca de grandes urbes donde la densidad de población (y, por tanto, de igniciones antrópicas) es elevada. Además, el sistema socioeconómico actual premia un urbanismo de grandes extensiones imbricado en el medio natural, cosa que dificulta la gestión simultánea de los incendios, la conservación de los ecosistemas y la protección de estructuras urbanas. De hecho, cuanto mayor es la densidad de la población (humana) que vive en paisajes inflamables, mayor es el impacto (social) de los incendios, independientemente de si el régimen de incendios es el histórico o una alteración de este, porque más personas y más viviendas están expuestas a este riesgo.

Las técnicas típicas de gestión en paisajes inflamables se basan en actuaciones antes de los incendios (gestión del paisaje y del combustible para generar heterogeneidad), durante los incendios (gestionar el curso del incendio) y después de los incendios (restauración de ecosistemas degradados).

Además, ecosistemas como los mediterráneos están densamente poblados y parte de la población e infraestructuras ocupan grandes extensiones imbricadas en el medio natural (la interfaz urbano-forestal); por ello, la planificación urbana es también importante para generar paisajes resilientes a los incendios. Y, finalmente, no tenemos que olvidar otra acción importantísima para facilitar la gestión de los paisajes inflamables (y de muchas otras cuestiones): reducir las emisiones de gases con efecto invernadero. Este último punto es tan evidente que no requiere más detalles en este libro.

Antes: de cómo generar heterogeneidad en el paisaje

La gestión del paisaje consiste en fragmentar y reducir el combustible para disminuir el riesgo de ignición y la velocidad e intensidad de propagación de los incendios, así como para facilitar el acceso de los medios de extinción en zonas estratégicas donde se maximice su efectividad. Ello implica concebir paisajes heterogéneos, en mosaico, y con discontinuidades (horizontales y verticales). Esto es especialmente importante en zonas periurbanas. Para realizar y mantener la heterogeneidad se pueden utilizar diversas herramientas, entre ellas: podas, desbroces, cortas y clareos, pastoreo (sea ganado o por herbívoros silvestres), cortafuegos, quemas controladas, favorecer discontinuidades naturales y promover la vida rural. Cada una de estas herramientas puede ser válida dependiendo del sitio y las condiciones. Y dada la complejidad del tema, puede ser importante explorar distintas herramientas. Ninguna de ellas elimina los incendios, pero pueden utilizarse para reducir su tamaño e intensidad. En algunos casos, se realiza un diseño integral del paisaje, de tal modo que se sitúan las diferentes unidades de este estratégicamente, según su inflamabilidad, con el fin de generar paisajes rurales resilientes y sostenibles a los incendios frecuentes. Por ejemplo, las zonas de pastos y los cultivos se sitúan a barlovento de los vientos dominantes en la época seca (a modo de cortafuegos), mientras que las plantaciones forestales productivas se disponen a sotavento.

Una de las formas de control de combustible económicamente muy eficiente, aunque impopular en algunas sociedades, es la realización de *quemas prescritas*. Por ejemplo, en muchos ecosistemas con incendios de superficie (en especial, los bosques de coníferas), a menudo, se efectúan este tipo de quemas en el sotobosque con la finalidad de mantener el combustible bajo y que un posible incendio no afecte a las copas. Estas quemas imitan regímenes naturales de incendios de superficie (restauración del régimen de incendios), donde con frecuencia dominan herbáceas que generan quemas poco intensas. En matorrales densos (incendios de copa), realizar quemas es más complicado porque estas estas producen más intensidad y son más difíciles de controlar. En cualquier caso, hay muchos ejemplos de quemas prescritas que han limitado incendios intensos y han protegido zonas urbanas, sin afectar de manera negativa al ecosistema. Igualmente, existen ejemplos positivos de quemas prescritas en algunas zonas tropicales (sabanas). También se han empleado quemas prescritas del sotobosque en plantaciones forestales para prevenir los incendios de copa (que destruirían la plantación). No obstante, donde los incendios suelen ocurrir en condiciones de fuerte viento, los cortafuegos, las quemas prescritas y la gestión de combustible, en general, pueden ser poco eficientes, como se ha demostrado en varias zonas de California, Australia y Sudáfrica. En estos casos, para mantener el matorral a un nivel bajo de combustible que dificulte la propagación de incendios intensos a zonas habitadas, a menudo se requiere una frecuencia elevada de quemas, mucho más elevada que la frecuencia natural de incendios. Esta frecuencia elevada no permite que las plantas lleguen a la edad de maduración y producción de semillas (riesgo de inmadurez) y el matorral es sustituido por un pastizal más pobre en especies (a veces, con abundantes plantas invasoras); en este caso, se trataría de un régimen de quemas ecológicamente insostenible. Ese matorral está adaptado a incendios de elevada intensidad, pero no a incendios frecuentes de poca intensidad. Otro problema a considerar es que, por razones de seguridad, las quemas prescritas no se realizan en la época más seca, sino en primavera u otoño (estacionalidad no natural); en estas condiciones, tanto las plantas como los animales se encuentran en estados fenológicos distintos a los que presentan durante los incendios naturales, y eso puede generar efectos negativos (por ejemplo, mayor mortalidad, falta de semillas para la regeneración, momento de nidificación de animales). En Europa, las quemas prescritas se utilizan relativamente poco y en superficies relativamente pequeñas, comparado con las quemas de EE UU o Australia, pero su uso está en aumento.

Por lo tanto, las quemas prescritas constituyen una herramienta importante en la gestión de los paisajes inflamables, si bien deben utilizarse con precaución según el ecosistema. Para una buena gestión se necesita una evaluación rigurosa y a largo plazo de los costes y beneficios, tanto económicos como ecológicos (figura 14). Estas evaluaciones no siempre se desarrollan y la gestión, a menudo, se basa en una visión a corto plazo y sin considerar los aspectos ecológicos.

También es importante entender que hay zonas del paisaje que son menos inflamables que otras por la topografía, el microclima y la estructura de la vegetación. Esta es una heterogeneidad natural que hay que aprovechar y estimular. Bosques de ribera, fondos de valle, algunas umbrías y bosques relativamente maduros y cerrados son ejemplos de sistemas de baja inflamabilidad que forman parte del mosaico del paisaje mediterráneo, y que debemos conservar. En estas zonas es donde es más fácil encontrar (o restaurar si no los hay) bosques relativamente cerrados de planifolios rebrotadores. Estos bosques suelen verse menos afectados por los incendios, y si lo hacen, se regeneran muy rápidamente. Asimismo, estas zonas son refugio de muchas especies durante el incendio (además de refugios climáticos durante olas de calor y sequías). Por lo tanto, una gestión sostenible debe preservar y potenciar esos espacios. Potenciarlas puede incluir restaurarlas (si están degradadas) y ampliarlas, favorecer árboles grandes (en detrimento de pequeños) y frenar su degradación. Esta última circunstancia incrementa la inflamabilidad de esas zonas.

Figura 14

Número de especies de plantas observadas antes de una quema prescrita, y uno o dos años después, en parcelas de 1 m², de 100 m² y 1000 m². Quemas prescritas realizadas por la Generalitat Valenciana en matorrales mediterráneos de Alicante. Después de una quema no hay evidencias de pérdida de diversidad. Estudios de este tipo son necesarios en diferentes ecosistemas y considerando quemas recurrentes.

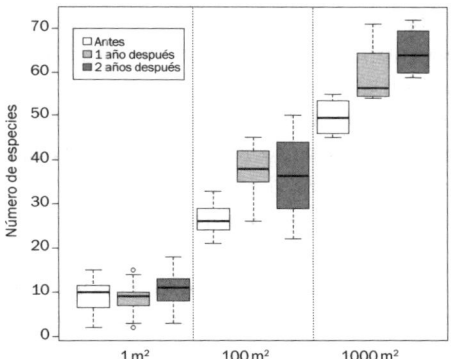

Una forma de gestionar los paisajes consiste en apoyar políticas de conservación y promoción del mundo rural, así como el consumo de productos de agricultura y ganadería extensiva. Estas políticas ayudan a generar mosaicos y discontinuidades en el paisaje, a la vez que estimulan un sistema socioeconómico local. En muchos casos, esto implica no solo otorgar subvenciones, sino también simplificar los procedimientos administrativos para cortar, desbrozar y convertir zonas forestales (por ejemplo, campos abandonados actualmente colonizados por pinos) en zonas agrícolas. Otras acciones podrían consistir en disponer de rebaños municipales con pastores asalariados. Aunque estimular el mundo rural es conceptualmente fácil, encontrar gente que quiera vivir en el campo desarrollando actividades agrícolas o ganaderas es hoy en día tarea difícil. En este sentido, algunas políticas de inmigración pueden ayudar a la recuperación del mundo rural.

Otra herramienta importante para favorecer la heterogeneidad de los paisajes es la introducción de herbívoros salvajes y sus depredadores (resilvestración o *rewilding*), particularmente en aquellas zonas donde es complejo promover la población rural. Aunque en muchos sitios existe una cierta recolonización natural de los herbívoros, esta puede ser muy lenta, por lo que es posible fomentarla mediante una introducción controlada, por ejemplo, de ungulados (cabras montesas, ciervos, corzos, gamos, etc.). Además, según el objetivo, se pueden utilizar especies más ramoneadoras o más pastadoras. Estas técnicas tienen sus problemáticas, ya que, si se introducen herbívoros, pronto o tarde se requerirá introducir a sus depredadores (por ejemplo, el lobo) para que haya un cierto control de sus poblaciones. Y la introducción de estos no es muy popular en las zonas rurales, al igual que tampoco lo es la caza para el control de las poblaciones de herbívoros (particularmente fuera del ámbito rural). La resilvestración puede estimular el turismo de la naturaleza, que a veces es una opción socioeconómica para regiones deprimidas. En cualquier caso, las actividades de resilvestración (y de restauración en general) implican un seguimiento para realizar las correcciones necesarias.

Durante: de cómo gestionar el curso de los incendios

La visión clásica es que los bomberos son medios de extinción y que su finalidad es extinguir todos los incendios. Como ya hemos visto, eso no es lo más deseable en regiones naturalmente propensas a incendios. Una alternativa es que los bomberos actúen como gestores de incendios, es decir, que los extingan cuando sea necesario, pero que simplemente controlen su propagación hacia donde es preferible que queme, si es que las condiciones meteorológicas y topográficas no son extremas. En estos casos, uno de los objetivos de los bomberos no sería extinguirlos, sino asegurarse de que los incendios generan heterogeneidad en los paisajes. Los incendios, en condiciones apropiadas, están realizando una valiosa gestión del combustible y fragmentación del paisaje (por ejemplo, incendios de aclareo). Por lo tanto, en la medida de lo posible, nos hemos de beneficiar de ellos. Esto, por supuesto, incluye aceptar riesgos, pero la extinción total solo aplaza los riesgos y crea paisajes mucho más insostenibles en un mundo con un clima cada vez más cálido. Ciertamente hablamos de algo que no es fácil de implementar, en parte porque puede requerir cambios en la legislación, pero también por la poca aceptación social. Además, las sequías y el creciente tamaño e intensidad de los incendios en muchas zonas dificultan llevar a cabo esas medidas, precisamente cuando son más necesarias. En algunos sitios ya se ha empezado a gestionar los incendios para maximizar su beneficio, pero aún es una asignatura pendiente en la mayoría de las regiones del mundo.

Después: de cómo restaurar el paisaje tras un incendio

Muchos ecosistemas se regeneran después del fuego (capítulo 3) y no requieren de actuaciones posincendio; en algunos casos, incluso, dichas actuaciones pueden ralentizar la regeneración natural. Hay otros casos que sí requieren de actuación posincendio debido al peligro de degradación del ecosistema. En muchas de estas ocasiones, la degradación no se debe a los incendios directamente, sino a la historia de uso (talas, cultivos, etc.), que hace que los ecosistemas sean mucho más vulnerables a la degradación por incendios. Por ejemplo, en gran parte de los paisajes de la cuenca mediterránea, la vegetación fue en su día arrasada, y los terrenos se abancalaron y cultivaron durante años; después, esos cultivos se abandonaron. Estas zonas actualmente presentan comunidades seminaturales, con restos de bancales o plantaciones densas de árboles jóvenes. A veces, los incendios en estas comunidades pueden generar procesos de erosión y pérdida de suelo (por ejemplo, por degradación de los bancales) mucho más fácilmente que en las comunidades vegetales donde el uso previo no fue tan agresivo. Por lo tanto, no es el incendio en sí el responsable de la degradación, sino la larga historia de uso intenso. En cualquier caso, el incendio puede agravar la degradación y, para evitarlo, es necesaria una restauración. Por otro lado, una situación que también puede requerir de acciones restaurativas, y que cada vez es más frecuente, es la de un incendio que ocurre en medio de unos años consecutivos extremadamente secos; entonces, se puede reducir la regeneración posincendio de manera significativa, lo que puede demandar actuaciones de ayuda. Existe una serie de técnicas para la restauración de paisajes y ecosistemas con incendios frecuentes. En general, las técnicas para ello no se deben aplicar a toda la zona quemada, sino a las zonas donde se espera que la regeneración natural sea pobre o se encuentre en posibles procesos de erosión. La pérdida de suelo es de las peores cosas que puede ocurrir después de un incendio, pues la recuperación de este es prácticamente nula a escala humana. En aquellas zonas dentro del perímetro del incendio en las que se sospeche que pueda haber pérdida de suelo, se recomiendan actuaciones urgentes como colocar estructuras (paja, ramas, troncos, etc.) para retener el suelo y disminuir el impacto de las gotas de lluvia. También se pueden sembrar herbáceas de crecimiento rápido para fijar el suelo. Donde no hay peligro de pérdida de suelo inmediato, pero se espera una regeneración de la vegetación lenta y pobre, se pueden introducir especies leñosas. Es conveniente introducir principalmente especies autóctonas y rebrotadoras, ya que así no se requerirá de nuevas actuaciones si la zona vuelve a arder. Esto se realiza principalmente mediante plantaciones, y es conveniente que no se lleven a cabo inmediatamente después del fuego, puesto que en condiciones posincendio el ecosistema es frágil y plantar puede reducir la regeneración natural (especialmente si se efectúa con maquinaria pesada). Lo conveniente es esperar hasta la siguiente primavera para ver cómo se regenera de manera natural, y entonces actuar en las zonas donde se crea necesario, siempre de manera poco agresiva para que no se perjudiquen el suelo y la regeneración natural. Otra forma de introducir especies en zonas quemadas es a través de la estimulación de los dispersores naturales. Este método es mucho menos agresivo para el ecosistema que el de plantar, y puede ser muy eficiente si se realiza correctamente. Por ejemplo, para la introducción de encinas y alcornoques (especies rebrotadoras) en zonas afectadas por incendio y que carecen de ellas (bancales colonizados por pinares, antiguas plantaciones de pinos), es posible promover la llegada al área quemada de su principal dispersor, el arrendajo (*Garrulus glandarius*), para que deposite bellotas en el terreno. Las experiencias en este tipo de restauración aún son pocas, pero prometedoras.

A la hora de restaurar, también es importante considerar el cambio climático. La restauración del siglo XXI no ha de tener como referencia a la vegetación que había en el pasado, como se hacía en los proyectos de restauración durante el siglo XX; esta ha de mirar al futuro y generar una vegetación lo más resiliente posible al nuevo clima y a los nuevos regímenes de incendios. Por ejemplo, en la selección de semillas para producir planta, tradicionalmente se han utilizado poblaciones consideradas de elevada calidad, basándose en las condiciones de clima, suelo y productividad forestal. Dados los cambios en el clima, hoy en día es más apropiado seleccionar poblaciones o variedades de zonas secas para incrementar así la posibilidad de que resistan el aumento de sequías que está actualmente sucediendo. Igualmente, en algunos casos es importante seleccionar poblaciones que se hayan quemado recurrentemente para que tengan adaptaciones locales a los incendios. Por ejemplo, si se quiere plantar pinos (*P. halepensis* o *P. pinaster*) en una zona que probablemente vaya a quemarse en el corto o medio plazo, sería mejor seleccionar semillas de poblaciones con alta precocidad y serotinia (procedentes de zonas con elevada frecuencia de incendios; figura 9), y así crecería la probabilidad de persistencia ante nuevos incendios.

Cuando se ha quemado una zona arbolada, en algunos países existe la tendencia a talar los árboles quemados. Evidentemente, la gestión posterior al incendio dependerá del objetivo. Si el objetivo es productivo (plantaciones productivas que se han quemado), es esperable cortar los árboles para obtener algo de ingresos (aunque la madera quemada suele tener poco valor económico) y volver a plantar. En zonas donde se priorice el valor ecológico, cortar los árboles y extraer los árboles quemados constituye una perturbación después de otra perturbación (es decir, una perturbación compuesta), y puede tener consecuencias negativas para la biodiversidad y la regeneración del ecosistema.

A continuación, se listan algunos de los posibles beneficios para el ecosistema y la biodiversidad ligados a dejar en pie los árboles muertos en un bosque que ha sufrido un incendio reciente, aspectos que conviene que el gestor los tenga en cuenta. Evidentemente, cada bosque quemado es diferente y el papel relativo de cada uno de estos beneficios puede variar de un lugar a otro, dependiendo de muchos factores (severidad del fuego, tipo de vegetación, edad, densidad, posición topográfica, historia previa, etc.). Pero, en cualquier caso, se deberían considerar estos beneficios potenciales antes de decidir si cortar o no los árboles:

- Los árboles muertos son alimento y hábitat de una gran diversidad de hongos e insectos (xilófagos y saprófitos), que a su vez son alimento de otros animales como las aves. Por lo tanto, mantienen una red trófica diversa que ayuda a la regeneración del ecosistema. Cabe recordar que los escolítidos, unos pequeños escarabajos que pueden originar plagas en coníferas, no se alimentan de árboles muertos.
- Los árboles muertos son una fuente de materia orgánica y de nutrientes necesaria para el reciclado de los ecosistemas (los ciclos biogeoquímicos). Su extracción supone una pérdida de fertilidad para el ecosistema.
- Los árboles muertos son imprescindibles para la reproducción de algunas especies que construyen sus nidos en cavidades de los troncos. Ejemplos emblemáticos de aprovechamiento de árboles muertos por incendios los constituyen las diferentes especies de picapinos (pájaros carpinteros).
- Muchos animales forestales (incluidos pequeños vertebrados) utilizan los bosques quemados, ya que encuentran una cierta protección frente a la depredación por rapaces. Algunos de estos vertebrados ayudan directamente

a la regeneración de la vegetación. Por ejemplo, muchas aves frugívoras defecan semillas mientras se posan en árboles quemados (efecto percha), contribuyendo así a la dispersión de semillas y a la regeneración de la zona incendiada. Otro ejemplo son los arrendajos, que utilizan bosques quemados (y no los matorrales o bosques cortados) para esconder bellotas. Y, como hemos comentado, son clave para el incremento de las quercíneas (carrascas, robles y alcornoques), especies rebrotadoras que aumentan la resiliencia de los ecosistemas.

- Las copas de los árboles quemados disminuyen el impacto de las gotas de lluvia en el suelo y, por lo tanto, reducen el potencial de erosión posincendio.
- Los árboles quemados pueden retener nieblas y, por lo tanto, mantener mayor humedad en el ecosistema, lo que contribuye a una mejor regeneración.
- En el caso de las especies de árboles con capacidad de rebrotar, mantenerlos en pie posibilita el rebrote de copa o tronco (rebrotes epicórmicos) en algunos individuos y algunas especies, si es que todavía se mantienen vivos parte de los tejidos internos. Esto favorece una regeneración más rápida del bosque.
- Mantener los árboles quemados evita la entrada de maquinaria pesada y el arrastre de troncos. Estas acciones pueden tener un efecto negativo en el suelo (como generar cárcavas) y en la regeneración incipiente. Conservar un bosque quemado también reduce el gasto económico.

En general, dejar en pie los árboles en un bosque quemado permite mantener un ambiente semiforestal beneficioso para la regeneración y el funcionamiento del ecosistema forestal. Por el contrario, la corta de los árboles muertos beneficia a especies de matorrales y ecosistemas abiertos. Es cierto que no cortar los árboles puede implicar una mayor biomasa seca y una mayor intensidad de fuego, si es que se vuelve a quemar. En este contexto, es interesante crear cortafuegos y discontinuidades antes que cortar todos los árboles. También se pueden buscar situaciones intermedias, como cortar y extraer un porcentaje de los árboles muertos después de, al menos, un año o más del incendio (especialmente en zonas donde la regeneración esté bastante asegurada). En ese caso, los árboles no cortados deberían estar agregados para que den esa sensación semiforestal a la fauna y generen heterogeneidad espacial; dejar árboles aislados no proporciona la mayoría de los beneficios que hemos comentado, y tienden a caer muy pronto por el viento.

Para optimizar nuestra convivencia con el fuego, es importante mejorar al máximo la gestión posincendio. El gestor debe tomar decisiones sobre cómo actuar después de un incendio (no hacer nada, poner estructuras para frenar la erosión, plantar, sembrar —¿qué especies?—, cortar los árboles quemados, etc.), y la acción más apropiada depende de muchos factores (vegetación, severidad del incendio, tipo de suelo, pendiente, clima, usos previos, etc.), por lo que podrá variar en diferentes partes del paisaje. Además, se ha de considerar tanto criterios socioeconómicos como ecológicos. En caso de dudas (comprensible en un mundo complejo y cambiante), es conveniente realizar varios tipos de actuaciones en diferentes zonas; esto permite diversificar (es decir, no poner todos los huevos en la misma cesta) y aprender (gestión adaptativa). Y es deseable tener una estrategia de evaluación del efecto de la intervención para, en la medida de lo posible, rectificar si es necesario.

Planificación urbana

Como hemos comentado, la planificación urbana en regiones con ecosistemas inflamables debería formar parte de la gestión del paisaje del siglo XXI, ya que construir en ellos pone en riesgo propiedades e infraestructuras, y, a veces, vidas humanas. Por ejemplo, el gran incendio de Viña del Mar (Chile central) en diciembre de 2022 destruyó centenares de casas en pocas horas; la mayoría de ellas eran construcciones irregulares realizadas con materiales pobres y sin ninguna visión de que estaban edificando en una zona inflamable. Pero esto no es exclusivo de zonas con pocos recursos. En el sur de California, un lugar con muy buen desarrollo tecnológico, arden más de 1000 viviendas al año debido a incendios forestales, y las otras zonas mediterráneas están copiando el modelo urbanístico de California.

En muchos casos, sería necesario plantearse la conveniencia de instalar infraestructuras y viviendas en paisajes inflamables, del mismo modo que se admite que no es apropiado construir en conos volcánicos o en ramblas o zonas inundables. Por lo tanto, sería deseable limitar la expansión de urbanizaciones y polígonos industriales en ubicaciones rurales y naturales en paisajes inflamables. Esta expansión, además de los efectos ambientales bien conocidos (en biodiversidad, especies invasoras, contaminación lumínica y visual, etc.), constituye una fuente de igniciones y pone en riesgo a personas e infraestructuras. Por lo tanto, convierte en catastróficos (socialmente) incluso a regímenes de incendios ecológicamente sostenibles. Hay diversidad de mecanismos para limitar estas zonas, como la recalificación de terrenos (a no urbanizables) o la implementación de tasas (pirotasas) por construir en áreas con alto riesgo de incendios. Allí donde se permitan edificaciones en ambientes inflamables, se deberían aplicar unas normas estrictas de autoprotección relacionadas con, por ejemplo, los materiales de construcción, la inflamabilidad de las especies en los jardines, la distancia al monte, la existencia de salidas y planes de evacuación rápida, la exigencia de seguros contra incendios, etc. Además, los propietarios de construcciones y viviendas deberían conocer y asumir los riesgos, y no esperar a que los problemas los solucione la Administración y los medios de extinción. Los incendios son parte de los paisajes inflamables, no son eventos raros o desconocidos que nos cojan por sorpresa: son parte del sistema y los debemos asumir.

En definitiva, una correcta planificación urbana que considere el riesgo de incendios reduciría drásticamente el impacto económico y social de estos. En muchos ecosistemas, dicha planificación sería mucho más eficiente para proteger infraestructuras y vidas humanas que la gestión de combustible. El reto de nuestra sociedad es saber gestionar el paisaje y los ecosistemas para mitigar los peligros que producen los incendios a los humanos (vidas e infraestructuras), pero generando regímenes ecológicamente sostenibles.

Incendios como oportunidad

Sabemos que en paisajes inflamables, mientras haya naturaleza, habrá incendios, y como hemos visto, un cierto régimen de incendios (no muy grandes ni muy intensos) es saludable. Por lo tanto, cuando ya ha ocurrido un incendio, es importante ver los beneficios (y no solo los perjuicios) que puede ofrecernos. Ciertamente, los incendios pueden considerarse un método de gestión de combustible y creación de discontinuidades en el paisaje, lo que permite mejorar el régimen de incendios futuro. Además, y por lo que hace a las especies reclutadoras, las plantas que regeneren estarán más adaptadas a las nuevas condiciones climáticas (más áridas) y de incendios que la población previa, que nació en un clima bastante diferente; en algunos casos, la densidad de estas disminuirá. Todo ello concibe poblaciones más aptas para el nuevo clima.

En muchos casos, los ecosistemas que arden son un legado de la gestión forestal del siglo pasado, cuando el clima, la economía y las demandas sociales eran muy diferentes. Por ejemplo, en numerosos países mediterráneos abundan poblaciones densas y jóvenes de pinos, a menudo en bancales y sin gestión alguna. Estos pinares son el pasto de las llamas del siglo XXI. El incendio de estos pinares nos da la oportunidad de repensar qué es lo que queremos en esas zonas. Una posibilidad es volver a implantar un pinar similar, con el riesgo de que se vuelva a quemar. Pero hay otras opciones que pueden incrementar la resiliencia de los paisajes. Por ejemplo, la introducción de plantas rebrotadoras, quizá mezcladas con pinos de una procedencia en la que haya habido fuegos recurrentes; o aprovechar los bancales quemados para transformarlos en mosaicos de campos agrícolas. Por lo tanto, hemos de considerar los incendios como ventanas de oportunidad para repensar el futuro de nuestros paisajes.

Glosario

Adaptación al fuego: se considera un rasgo adaptado al fuego aquel que 1) aumenta la eficacia biológica de la planta (la supervivencia o el reclutamiento) después de un fuego y que, además, 2) se ha moldeado durante la evolución como respuesta a incendios recurrentes. Si solo se cumple la primera premisa, entonces es un rasgo que tiene un valor adaptativo, pero no es realmente una adaptación al fuego. Entre los ejemplos de adaptaciones al fuego, se incluye la serotinia, los lignotubérculos, el reclutamiento estimulado por el fuego y las cortezas muy gruesas. El rebrote tiene un gran valor adaptativo en ecosistemas con incendios recurrentes, pero en muchos casos puede que no sea una adaptación al fuego, sino a otras presiones selectivas (véase capítulo 4).

Dosel forestal: hábitat de un bosque formado por las copas de los árboles (techo del bosque). Los incendios de copa afectan al dosel forestal.

Ecología del fuego: ciencia que estudia el papel del fuego en los organismos y los ecosistemas (es decir, la ciencia biológica que estudia los incendios forestales). Se basa en la teoría ecológica y en la teoría de la evolución de las especies.

Eleosomas: estructuras compuestas de sustancias nutritivas (aceites) adheridas a la semilla y que atraen a las hormigas. Estas recogen las semillas y se las llevan al nido como alimento. En zonas con incendios frecuentes, la planta no solo se beneficia del desplazamiento horizontal de la semilla (dispersión), sino también del vertical (enterramiento), ya que protege a las semillas del fuego (véase capítulo 3).

Herbivoría: interacción biológica en la cual animales consumen plantas, es decir, tejidos vegetales vivos de cualquier tipo (hojas, tallos, flores, etc.).

Incendio: fuego que se propaga sin control humano.

Incendio forestal: fuego no controlado (sea de origen natural o antrópico) que se propaga por la vegetación, sea del tipo que sea (bosques, sabanas, praderas, matorrales, pastizales, humedales, turberas, etc.). A veces, también se utiliza el término *fuego forestal*. Los incendios de sabana, de sotobosque, de pradera, de copa, de superficie, etc., son tipos de incendios forestales (véase capítulo 1).

Incendio de copa: incendio forestal en el cual el fuego afecta prácticamente a toda la parte aérea de las plantas (y a todos los estratos de la vegetación). El fuego puede extenderse por la copas independientemente de la propagación por la superficie (*incendio de copa independiente*), o simultáneamente por la superficie y por las copas (*incendio de copas activo*), o solo por la superficie y afectando a las copas desde la superficie (*incendio de copas pasivo*). A los fuegos de copa a veces también se les llama incendios de reemplazamiento, porque en la mayoría de los casos la regeneración reemplaza la vegetación previa al fuego (véase capítulo 1).

Incendio de subsuelo: incendio que no suele generar llamas en la superficie, sino que lo que arde es la materia orgánica del subsuelo. Se da típicamente en turberas. Se observa tanto en zonas boreales y templadas como en tropicales, y son raros en zonas mediterráneas (véase capítulo 1).

Incendio de superficie: incendio en el que el fuego se propaga en la superficie, por el estrato herbáceo o la hojarasca. Dependiendo de la densidad de los árboles, los incendios de superficie se suelen llamar *incendios de sotobosque* (en bosques densos), *incendios de sabana* (en bosques abiertos y sabanas) o *incendios de pradera* (en praderas y llanuras sin árboles). Típicamente son incendios poco intensos pero frecuentes (véase capítulo 1).

Inflamabilidad: facilidad para generar llama e iniciar un fuego (véase capítulo 3).

Intensidad de fuego: energía desprendida por el fuego (véase capítulo 1).

Interfaz urbano-forestal: zona de contacto entre la zona urbana (con elevada densidad de viviendas) y la zona con vegetación natural (bosques, matorrales, etc., sin o con muy pocas viviendas), incluyendo también espacios con densidad intermedia de viviendas imbricadas entre la vegetación. En ecosistemas inflamables, estos paisajes son difíciles de gestionar de manera sostenible (preservar las viviendas y, a la vez, la biodiversidad) (véase capítulo 5).

Paradoja de la extinción: se refiere al hecho de que una política eficiente de extinción de incendios puede generar una acumulación de biomasa combustible que dará lugar a incendios más intensos y extensos en el futuro (véase también: *sesgo de extinción*).

Pirocúmulos y pirocumulonimbos: columna de nubes densas que se desarrolla como consecuencia de la convección iniciada por el calor de incendios intensos (o de erupciones volcánicas). Los pirocúmulos tienen menos desarrollo que los pirocumulonimbos. Estos últimos, al enfriarse con la altitud, pueden generar vientos extremos (incluso tornados) y rayos, de manera que incrementan en gran manera la virulencia del incendio. En casos extremos pueden inyectar aerosoles (humo, cenizas y vapor de agua) en la estratosfera.

Pirófita (pirofitismo): las plantas pirófitas son aquellas que se ven favorecidas por los incendios, es decir, que aumentan el tamaño poblacional con la presencia de incendios recurrentes. En general, son plantas reclutadoras (con fuerte germinación después de incendios) y con elevada inflamabilidad (véase capítulo 3).

Posfuego (= posincendio): relativo al periodo de tiempo después de que el fuego haya afectado a la vegetación; a menudo, se refiere al primer año después del incendio. Por ejemplo: regeneración posfuego, germinación posfuego, reclutamiento posfuego, etc.

Predación: interacción biológica en la cual un animal (el depredador) se come todo o parte de otro organismo, típicamente a otro animal (la presa). Cuando el organismo comido es una planta, se suele llamar herbivoría.

Propágulos: parte de una planta (también en hongos y bacterias), producida sexual o asexualmente, capaz de desarrollarse de manera separada para dar lugar a un nuevo individuo. Esto incluye semillas, pero también bulbos, tubérculos, rizomas, esporas, etc.

Quema prescrita: fuegos en la vegetación provocados de manera planificada y controlada para alcanzar un objetivo específico, en general relacionado con la gestión. También se utiliza el término *fuegos planeados* (véase capítulo 1).

Rebrotadora (posfuego): planta que, después de un incendio que ha afectado a la mayoría de la parte aérea de la misma, tiene la capacidad de sacar nuevos tallos (rebrotes) y, por lo tanto, sobrevivir al incendio (capítulo 3). Se llaman rebrotadoras obligadas a aquellas especies que después de un incendio solo se regeneran por rebrote, y el reclutamiento por semillas se da en años sin incendio (capítulo 4). Se utiliza rebrotadora o rebrotante indistintamente (según el país).

Rebrote epicórmico: rebrote desde las yemas situadas en el tronco o copa de los árboles, de manera que la regeneración de la copa es muy rápida. Contrasta con la mayoría de las plantas que rebrotan de la base o de órganos subterráneos (véase capítulo 5).

Reclutadora (posfuego): planta que, después de un incendio, presenta un pulso de reclutamiento (capítulo 3). Puede ser una reclutadora obligada si no tiene capacidad de rebrotar (muere después del incendio) o una reclutadora facultativa si, además de presentar un pulso de reclutamiento, también rebrota (capítulo 4). El término se refiere a condiciones posfuego (es decir, durante el primer año tras el fuego) porque, en sentido estricto, todas las plantas superiores tienen posibilidad de reclutar nuevos individuos. Las especies reclutadoras posfuego también se denominan germinadoras o semillantes.

Régimen de incendios: conjunto de características de los incendios en un área o ecosistema determinado y a lo largo de un periodo de tiempo, especialmente en referencia a la frecuencia, intensidad, estacionalidad y tipo (véase capítulo 1).

Serotinia: capacidad de mantener frutos o conos cerrados durante más de un año (formando un banco de semillas en la copa) que se abren con el calor de un incendio para liberar las semillas en condiciones favorables (posincendio). Entre las especies serótinas, es decir, con conos serótinos, se incluyen algunos pinos y proteáceas (véase capítulo 3).

Sesgo de la extinción: se refiere al hecho de que una política eficiente de extinción de incendios reduce principalmente el número de incendios poco intensos, de manera que se favorecen los incendios grandes e intensos (véase también: *paradoja de la extinción*).

Severidad del incendio: grado de afectación producido por el incendio (en la vegetación, en los árboles, en el suelo, en los ecosistemas, etc.). A veces también se le llama *gravedad del incendio* (véase capítulo 1).

Sotobosque: vegetación de un bosque que crece cerca del suelo, por debajo del dosel (las copas). En bosques, los incendios de superficie se propagan por el sotobosque y el dosel no se afecta.

Bibliografía

A continuación, se ofrecen algunas referencias generales sobre aspectos ecológicos de los incendios forestales (ecología del fuego). No se trata de un listado exhaustivo, sino de una selección corta de textos que reflejan la información aportada en este libro. Además, el lector encontrará información complementaria en las siguientes páginas web:

- Universidad de Valencia (libro y blog Juli G. Pausas): https://lc.cx/l3zXKh y https://lc.cx/6etecH.
- *The Conversation* (artículos Juli G. Pausas): https://lc.cx/zn3Ed1.

Libros

BOND, W. J. y VAN WILGEN, B. W. (1996): *Fire and Plants*, Chapman & Hall, Londres.

COCHRANE, M. A. (ed.) (2009): *Tropical Fire Ecology*, Springer, Estados Unidos.

KEELEY, J. E. *et al.* (2012): *Fire in Mediterranean Ecosystems*, Cambridge University Press, Reino Unido.

SCOTT, A. C. (2020): *El planeta en llamas*, Galaxia Gutenberg, Barcelona.

Artículos científicos

BOND, W. J. y KEELEY, J. E. (2005): "Fire as a global 'herbivore': the ecology and evolution of flammable ecosystems", *Trends Ecol. Evol.*, 20, pp. 387-394.

HE, T. *et al.* (2012): "Fire-adapted traits of *Pinus* arose in the fiery Cretaceous", *New Phytol*, 194, pp. 751-759.

HE, T.; LAMONT, B. B. y PAUSAS, J. G. (2019): "Fire as a key driver of Earth's biodiversity", *Biological reviews*, 94, pp. 1983-2010.

KEELEY, J. E. (2012): "Ecology and evolution of pine life histories", *Annals of Forest Science*, 69, pp. 445-453.

KEELEY, J. E. *et al.* (2011): "Fire as an evolutionary pressure shaping plant traits", *Trends in Plant Science*, 16, pp. 406-411.

OJEDA, F. (2001): "El fuego como factor clave en la evolución de plantas mediterráneas", en Zamora, R. y Pugnaire, F. I. (eds.), *Ecosistemas mediterráneos. Análisis funcional*, CSIC, AEET, pp. 319-349.

PAUSAS, J. G. y KEELEY, J. E. (2009): "A burning story: The role of fire in the history of life", *Bioscience*, 59, pp. 593-601.

PAUSAS, J. G. y LAMONT, B. B. (2022): "Fire-released seed dormancy - a global synthesis", *Biological Reviews*, 97, pp. 1612-1639.

PAUSAS, J. G. y PAULA, S. (2012): "Fuel shapes the fire-climate relationship: evidence from Mediterranean ecosystems", *Global Ecology and Biogeography*, 21, pp. 1074-1082.

RODRÍGUEZ-TREJO, D. A. y FULÉ, P. Z. (2003): "Fire ecology of Mexican pines and fire management proposal", *International Journal of Wildland Fire*, 12, pp. 23-37.

Títulos de la colección
¿Qué sabemos de?